Inhalt

Vorschläge zum Umgang mit diesem Buch

Mutig von Ihnen, ins Regal zu greifen und ein Buch über Angst zu kaufen! Denn: Auch wenn im Titel „angstfrei" steht – die Angst ist dabei. Und wenn Sie jetzt das Inhaltsverzeichnis durchblättern, werden Sie vielleicht denken: Oh je, das ist ja eine Enzyklopädie der Angst – lauter Ängste, so weit das Auge reicht – und ich will doch *frei* von Ängsten sein!

Keine Sorge, lieber Leser. Mein Hauptaugenmerk liegt natürlich darauf, Ihnen ganz viele Tipps und Unterstützung *gegen* die Angst mit auf den Weg zu geben. Daher werden Sie in jedem Angst-Kapitel nur eine kurze Beschreibung der speziellen Angst finden und danach jede Menge Hilfe, Gegenmaßnahmen und Wege raus aus der Angst.

Die Angst, die Ihnen akut im Nacken sitzt, ist die gerade wichtige und schlimme – egal ob es eine vermeintlich kleine oder eine schwerwiegende ist. Lesen Sie also bitte aus der Gliederung keine Wertung heraus – es gibt keine kleinen oder großen, wichtigen oder unwichtigen, schwerwiegenden oder leichten Ängste. Auch wenn wir das sicher manchmal so bewerten, wenn es uns nichts angeht. Am grünen Tisch – wenn es uns gut geht – lässt sich sicher eine Rangfolge der Ängste feststellen. Wenn wir aber gerade selbst in einer Angst stecken, zählt das nicht mehr. Dann ist diese eine Angst gerade präsent, beängstigend, lähmend. Dann macht gerade diese Angst mir das Leben schwer.

Holen Sie sich also konkrete Tipps für eine Situation, in der Sie vielleicht gerade selbst stecken. Oder lesen Sie dieses Buch chronologisch von vorn nach hinten durch. Lesen Sie langsam oder schnell – lassen Sie sich Zeit zwischen den einzelnen Impulsen. Machen Sie sich vielleicht Notizen, schreiben Sie sich Ihre Assoziationen auf, die beim Lesen auftauchen, Fragen, die Sie sich später beantworten wollen. Denken und fühlen Sie nach, reden Sie mit Freunden über diese Themen (damit das Thema „Angst" endlich aus der Tabuzone herauskommt!). Es bleibt Ihnen überlassen. Finden Sie den Weg, der Ihnen persönlich richtig erscheint – genau dieser Weg ist dann auch der richtige.

Und noch etwas ist mir wichtig, Ihnen ans Herz zu legen: Gehen Sie achtsam mit sich um! Ängste sind kein Pappenstiel, Ängste machen Angst – und das Lesen darüber und das Sich-damit-Beschäftigen vielleicht auch. Machen Sie Pausen beim Lesen, dosieren Sie so, wie es Ihnen guttut.

Denn letztendlich wünsche ich mir, dass Ihnen mein Buch guttut! Wenn schon Ängste da sind, dann ist zumindest ein achtsamer, kreativer und konstruktiver Umgang damit angesagt. Fangen Sie heute damit an!

Plädoyer für die Angst

Warum Angst ganz wichtig war – und ist

Angst ist ein Grundgefühl. So wie Freude, Trauer, Wut und Scham. Der Begriff stammt vom lateinischen Wort *angustus* („Beengtheit" bzw. „Enge") und von *angere* („die Kehle zuschnüren", „das Herz beklemmen") ab. Was meinen Sie, seit wann gibt es Angst? Wann hat das angefangen? Nun, Ängste gab es schon immer. Schon Herr und Frau Neandertal hatten Angst – und das war auch gut so. Die Natur lässt sich ja immer etwas besonders Schlaues für uns einfallen. Und somit war auch evolutionsgeschichtlich die „Erfindung" der Angst etwas sehr Schlaues – ja, sogar etwas Überlebenswichtiges. Damals war die Angst nämlich dazu da, Gefahren rechtzeitig zu erkennen und dementsprechend automatisch und reflexartig reagieren zu können.

Gefahr bedeutete in grauer Vorzeit hauptsächlich Gefahr für Leib und Leben: Der Säbelzahntiger kommt mir gefährlich nahe. Und um nicht gefressen zu werden, muss ich reagieren. Und zwar reflexartig schnell, ohne großes Nachdenken und möglichst erfolgreich. Es wird also blitzschnell der Fluchtreflex – rauf auf den nächsten Baum! – oder der Angriffsreflex – zieh dem Säbelzahntiger mit deiner Keule eins über! – aktiviert. Dieser Reflex bewirkt, dass mein Körper für eine dieser beiden Reaktionen gerüstet ist: Er ist stark genug, schnell genug, die Energie geht genau dorthin, wo sie gebraucht wird: in die Beine, um schneller zu rennen, oder in die Arme, um stärker zuzuschlagen. Andere Körperfunktionen brauchen in diesem Augenblick keine Versorgung – zuerst muss ich mal überleben. Daher auch das reflexartige Reagieren – also ein schnelles Reagieren, ohne viel darüber nachzudenken. Denn bis sich unsere langsamen Gedanken in Gang gesetzt und eine Abwägung Baum versus Keule vollzogen hätten … da hätte uns der Säbelzahntiger schon längst gefressen.

Angst baut sich auf – der Körper reagiert (Flucht oder Angriff) – die Angst geht wieder vorbei.

Angst – dieses Frühwarnsystem war also einmal überlebenswichtig. Nur wenn ich aufmerksam, wach und ängstlich genug bin, höre ich den Tiger schon von Weitem; ist mein Blick auch in der Dunkelheit geschärft, schrecke ich automatisch aus dem Schlaf hoch, wenn Gefahr droht.

Diese Urreflexe haben wir heute noch: Wir zucken zusammen, wenn wir ein ungewohntes Geräusch hören oder wenn plötzlich etwas Fremdes in unserem Blickfeld auftaucht. Auch wenn es heutzutage keine Säbelzahntiger mehr gibt – das Frühwarnsystem Angst ist immer noch nützlich: Wir sind vorsichtig beim Überqueren der Straße, wir stürzen uns nicht ständig unüberlegt in unbekannte Situationen, wir wägen ab, wir beobachten.

Wie so oft gilt auch hier der Spruch des alten Paracelsus[1]: Es gibt keine Gifte. Es ist alles eine Frage der Dosierung.

Ein gesundes Maß an Angst erhält uns am Leben. Zu viel davon macht krank. Der Urinstinkt funktioniert zwar noch, unser Organismus hat aber noch nicht begriffen, dass es

---

[1] Paracelsus (1493–1541) war Arzt und Mystiker.

keine Säbelzahntiger mehr gibt und Angst nicht mehr unbedingt lebensrettend ist.

In unserer modernen Gesellschaft hat sich die Angst verselbstständigt. Wir haben sie oft nicht mehr unter Kontrolle, sie lähmt uns und macht uns krank.

Aber sie warnt uns auch, wie damals beim Säbelzahntiger. Unser Körper und unsere Seele reagieren auf irgendetwas. Und solch eine Warnung ist per se nichts Schlimmes – im Gegenteil: Wenn wir gut genug hinhören, können wir rechtzeitig reagieren. Die Angst lässt uns wachsam sein, genau hinsehen, abwägen, uns wappnen. Und deshalb ist sie manchmal sehr wichtig! Sie hält uns ab von zu schnellen und unüberlegten Reaktionen. Wir sind vorsichtig, passen auf uns auf. Wir schützen uns mit der Angst.

Und: Die Angst will uns immer etwas sagen, wir bilden sie uns nicht ein. Sie kommt nie, wirklich *nie* einfach so, ohne Grund. Wie gesagt: Die Angst ist weise. In manchen Religionen und Kulturen wird die Angst sogar als Freund gesehen und nicht als etwas, das wir aus unserem Leben verbannen müssen.

Die alten Indianer sagen: „Der Weg ist da, wo die Angst ist." Dieser Spruch hängt seit Jahren an meiner Pinnwand, weil ich ihn so immens wichtig finde. Fliehen wir nicht vor der Angst, haben wir keine Angst vor der Angst! Nein, lernen wir, sie auszuhalten! Ertragen wir dieses Gefühl, schauen wir genauer hin und lernen wir! Hören wir, was die Angst uns zu sagen hat! Meiden wir die Angst nicht, sondern gehen wir durch sie durch! Ja, es gibt sehr viel schönere Gefühle: Angst tut weh, Angst macht ohnmächtig, wir scheinen die Kontrolle über unser Leben zu verlieren, geraten in einen Teufelskreis aus schwarzen Gedanken, körperlichen Reaktionen und Schmerz.

Wenn wir sie aber aus Angst vor der Angst verdrängen, sie schönreden, sie nicht wahrhaben wollen, vor ihr fliehen, dann merken wir irgendwann: Sie ist schneller, sie holt uns ein. Und eigentlich ja mit guten Absichten. Sie will uns etwas sagen. Und wenn wir uns die Ohren zuhalten – tja, dann muss sie eben lauter werden.

Nehmen Sie sich ernst! Jede Angst ist schwer und wichtig

Ich habe im Vorwort schon davor gewarnt, Ängste zu bewerten oder zu kategorisieren. Kategorien sind Schubladen und helfen höchstens Wissenschaftlern für ihre Forschungen. Dem einzelnen Menschen schaden sie nur. Große Angst – kleine Angst, wichtige Angst – unwichtige Angst … wer darf darüber urteilen? Wenn Ihnen eine Angst im Nacken sitzt, dann macht gerade *diese* Angst Ihnen besonders zu schaffen. Und da fühlt sich unter Umständen die Angst vor der Präsentation am nächsten Tag genauso groß, schrecklich und unüberwindbar an wie die nackte Angst ums Überleben, wenn Sie gerade arbeitslos sind. Es sagt sich auf sicherem Boden leicht: So eine kleine Präsentation ist doch unwichtiger Kleinkram im Vergleich zur Existenzangst. Aber wenn Sie selbst gerade in einer Angst drinstecken?

> *Sieglinde, 43 Jahre, Projektleiterin, Coaching-Klientin:*
>
> *„Ja, mir ist es wirklich oft peinlich, wenn ich schon wieder so rumjammere, nicht schlafen kann und jedem auf die Nerven gehe. Ich hasse einfach diese Präsentationen vor großem Publikum; ich bin eben keine Rampensau. Und da denk ich mir dann oft: Jetzt stell dich nicht so an, andere haben viel größere Probleme, die können wirklich und zu Recht Angst haben. Aber ich?"*

Viele Menschen sind wahre Meister darin, sich zusätzlich noch einen Fußtritt zu geben, wenn sie sowieso schon am Boden liegen. Hey, Sie haben gerade Angst und das tut weh! Sie können nicht mehr schlafen, haben vielleicht sogar Albträume, zittrige Knie, gehen zum hundertsten Mal die Präsentation durch, Ihre Laune ist nicht die beste, Sie machen aus jeder Mücke einen Elefanten. Es geht Ihnen also schlecht! Und was machen Sie!? Sie ziehen sich zusätzlich noch die eigene Keule über den Kopf, anstatt sich Mut zu machen, sich etwas Gutes zu tun, gut für sich zu sorgen.

Seien Sie Ihr bester Freund

Sie haben Angst, finden das aber albern. Es geht Ihnen schlecht, Sie maßregeln sich aber dafür. Sie sind verzweifelt, Ihr innerer Antreiber schreit aber unentwegt: „Nun stell dich nicht so an, los, hopphopp, auf die Beine!"

In einer solchen Situation überlegen Sie bitte, wie Sie mit Ihrem besten Freund umgehen würden, dem es gerade so schlecht geht. Was braucht dieser Freund?

Was können Sie ihm sagen oder Gutes tun? Wie können Sie ihm helfen, Kraft und Zuversicht zu schöpfen? Was bräuchte er, um wieder zur Ruhe zu kommen? Was täte ihm in diesem Augenblick gut? Machen Sie sich dazu eine Liste.

So – und nun wenden Sie das bitte alles genauso auf sich selbst an. Seien Sie in diesem Moment Ihr bester Freund. Sie werden sehen: Der Ton ändert sich, Sie werden sicher viel liebevoller und empathischer, Sie verurteilen und maßregeln nicht mehr.

Nehmen Sie sich ernst! Stehen Sie ein für Ihre Bedürfnisse! Wenn Sie gerade Angst haben, dann haben Sie gerade Angst. Punkt. Dann ist die Angst da und macht Ihnen zu schaffen – egal ob es eine vermeintlich kleine, große, alberne oder wichtige Angst ist. Werten Sie nicht – werten Sie sich vor allem nicht ab. Denn dadurch wird es noch viel schlimmer, glauben Sie mir. Seien Sie sich ein guter Freund: Da ist erst Gutes-Tun, In-den-Arm-Nehmen und Trösten angesagt. Dann vielleicht eine heiße, kräftigende Hühnersuppe. Und wenn sich die Angst dann wieder ein wenig beruhigt hat – dann, aber wirklich erst dann, können Sie hinschauen und hinhören, was die Angst Ihnen zu sagen hat. Und dann tun Sie, was zu tun ist.

Raus aus der Tabuzone: Reden Sie darüber!

Von unseren Erfolgen erzählen wir gerne – und zwar am besten jedem, der uns über den Weg läuft: vom erfolgreichen Jobwechsel, vom gelungenen Projekt und vom sehr lukrativen Auftrag. Das ist gut und wichtig – wir wollen unsere Freude teilen, wir platzen vor Stolz und wollen auch hin und wieder ein bisschen angeben. Gut so.

Aber es gibt in unserem Leben eben auch Schmerz, Angst, Wut, Verzweiflung, Krisen und dunkle Stunden. Und die gehören genauso zu uns wie das andere. Die zwei Seiten einer Medaille eben – die eine gibt es nicht ohne die andere, den Tag gibt es nicht ohne die Nacht, den Sommer nicht ohne den Winter. Sicher, unsere Ängste und Krisen sind sehr viel persönlicher und somit auch schützenswerter als unsere Sonnenseiten. Wir müssen Vertrauen haben, wenn wir uns derart öffnen und in uns hineinblicken lassen. Und dazu brauchen wir Mut. Viel Mut. Wir können enttäuscht werden. Wir können verletzt werden. Wir können uns schutzlos fühlen. Wir können vielleicht sogar dadurch, dass wir uns so öffnen, ausgenutzt werden. Wir können uns damit Häme und Schadenfreude einfangen, Geringschätzung, wir zerstören vielleicht bei manchen Menschen das Bild, das sie von uns hatten. Das kann passieren.

Und trotzdem: Es lohnt sich! Das weiß ich – und zwar nicht nur von meinen Coaching-Klienten, sondern auch aus eigener Erfahrung. Ich weiß, dass es ungemein erleichtern kann, endlich zu reden. Sich mitzuteilen – seine Ängste und Zweifel mit anderen zu teilen. Ich muss es nicht mehr allein tragen und ich sehe: Es geht auch anderen so, ich bin damit nicht allein. Es verbindet mich vielleicht sogar mehr mit den Menschen, als wenn ich immer nur meine strahlende Seite zeigen würde, meine unfehlbare, erfolgreiche, starke. Dieses ständige Strahlen und Unfehlbarsein schafft nämlich auch Distanz und Unerreichbarkeit.

Manchmal kann das bloße Darüber-Reden und Erzählen schon enorm viel Hilfe sein. Weil ich nämlich aktiv werde! Angst und Zweifel lähmen uns oft völlig. Sie werfen uns in eine Lethargie, die manchmal in Depression enden kann. Wir schaffen nichts mehr, wir sind nur noch Angst und Zweifel und Ohnmacht. Und wenn ich dann beschließe: Ich möchte mit jemandem reden, ich möchte mir Hilfe holen, dann bin ich schon einen ersten, wichtigen Schritt herausgekommen aus der Ohnmacht – ich beginne damit, etwas zu tun. Ich greife zum Telefonhörer, wähle eine Nummer und sage: „Hast du Zeit für mich, mir geht es gerade nicht gut und ich möchte gerne mit dir darüber reden."

Wissen Sie, ich wünsche mir mehr Rudis auf der Welt. Wer ist Rudi? Nun, Rudi ist eine Führungskraft in einem großen Konzern. Ein kerniger bayerischer Schrank von einem Mann, der tagtäglich mit Nutzfahrzeugen, einem großen Betrieb und vielen Mitarbeitern zu tun hat. Ich lernte ihn auf einer Tagung kennen. Wir saßen abends noch an der Bar – wir, das waren Rudi, ich und noch ein paar andere männliche Führungskräfte. Und da begann Rudi zu erzählen: Davon, dass er in seinem letzten Betrieb aufs Heftigste gemobbt wurde. Er erzählte von seinem ersten Hörsturz, von seinem zweiten Hörsturz und von seinem ununterbrochenen Rennen im Hamsterrad. Er erzählte davon, wie sich seine Söhne von ihm entfremdeten, wie seine Frau ihm eines Weihnachtsabends ein Ultimatum stellte. Entweder er müsse etwas ändern oder sie würde mit den Kindern gehen.

Da bekam es Rudi mit der Angst zu tun – er ging mit seinem besten Kumpel erst einmal vier Wochen zum Angeln nach Kanada und dachte nach. Er sprach mit seinem Freund viel über seine Ängste und Sorgen, er dachte nach und zog Konsequenzen. Nach dem Urlaub kündigte er in seinem Betrieb, sah sich nach etwas anderem um und ist jetzt seit vielen Jahren sehr zufrieden als Leiter eines mittleren Betriebs. Es geht ihm gesundheitlich besser und seine Familie ist ihm wieder deutlich näher.

Warum erzähle ich Ihnen von Rudi? Einerseits ist er ein gutes Beispiel dafür, wie man dem Burn-out entkommen und sein Leben eigenverantwortlich in die Hand nehmen kann. Aber etwas anderes ist mir hier noch viel wichtiger: Ich fand es damals ungeheuer beeindruckend, wie sehr die anderen Führungskräfte Rudi an den Lippen hingen! Mucksmäuschenstill hörten Sie ihm gebannt zu … und ich sah an ihren Gesichtern, wie es in ihnen arbeitete. Endlich mal einer (und noch dazu ein Mann!), der zu seinen Ängsten steht, der davon offen erzählt und nicht meint, Kerle müssen immer mutig und ohne Zweifel sein. „Ein Indianer kennt keinen Schmerz." – Das gilt vielleicht für Winnetou, aber nicht für den selbstbewussten Menschen von heute. Und deshalb wünsche ich mir mehr Rudis im Geschäftsleben. Unter anderem dieser Rudi hat mich dazu inspiriert, dieses Buch zu schreiben. Dieses Buch ist also ein Teil vom Darüber-Reden.

Auf den Punkt gebracht: Angst ist wichtig!

▸ Angst war früher ein überlebenswichtiger Schutz- und Warnmechanismus.

▸ Sie will uns auch heute noch auf Wichtiges hinweisen, daher: Hören Sie zu, was die Angst Ihnen zu sagen hat.

▸ Nehmen Sie sich und Ihre Ängste ernst!

▸ Reden Sie darüber und tabuisieren Sie dieses Thema nicht mehr.

Ihr Auftritt bitte – oh je!

Vielleicht haben Sie ja nicht wirklich Lust auf Menschen. Vielleicht wollen Sie ja, wenn irgendwie möglich, jeglichen Kontakt zu Menschen vermeiden. Dann können Sie natürlich Ihr Leben auf dem Einödhof auf einer einsamen Insel verbringen, Ihr eigenes Getreide anbauen, Ihr Vieh halten und einmal die Woche kommt das Versorgungsschiff. Ansonsten halten Sie nur per Telefon und Internet Kontakt zur Außenwelt. Und das auch nur dann, wenn es unbedingt sein muss. Wenn wir so leben, dann können wir Auftritte jeglicher Art vor Menschen ganz wunderbar vermeiden.

Wenn uns nun aber vielleicht doch nicht so sehr der Sinn nach Einödhof steht, tun wir gut daran, uns für die unterschiedlichen Auftritte gut zu wappnen und dafür zu sorgen, dass solche Auftritte uns in der Regel nichts ausmachen; dass wir vielleicht sogar möglichst oft möglichst viel Spaß dabei haben. Es ist nämlich ungeheuer anstrengend, wenn wir immer und überall Bammel vor Auftritten haben. Sobald wir mit mehreren Menschen zu tun haben, egal in welchem Rahmen, haben wir in gewisser Weise unseren Auftritt. Im Folgenden gehe ich auf die unterschiedlichen Möglichkeiten von Auftritten ein und gebe Ihnen jede Menge Tipps dazu.

Angst vor Präsentation und Vortrag

„Müller, stellen Sie doch bitte beim nächsten Termin beim Kunden die Projektergebnisse kurz in einer Präsentation vor!" Bekommen Sie bei solch einem Satz vom Chef schon Herzklopfen und schweißnasse Hände? Oder: Sie sind eigentlich total stolz darauf, als Selbstständiger endlich beim Marketing-Club einen Vortrag halten zu dürfen – eine Ehre, die wenigen zuteil wird. Jetzt rückt der Termin aber immer näher und prompt schlafen Sie nachts schlechter und werden immer nervöser. Trösten Sie sich: Das geht ganz vielen Menschen so. Sogar Menschen mit ganz viel Übung und Routine sind vor Vorträgen noch nervös.

> *Will Quadflieg, ein großer Schauspieler (1914–2003), sagte einmal in einem Interview:*
>
> *„An dem Abend, an dem ich ohne Lampenfieber auf die Bühne gehe – an diesem Abend höre ich auf und hänge meinen Beruf an den Nagel."*

Ein gewisses Maß an Lampenfieber ist sogar nützlich – es erhöht Ihre Konzentration, verhindert Flüchtigkeitsfehler und lässt Sie aufmerksamer sein: Ihre Leistungsfähigkeit wird gesteigert. Diese wird auch in der sog. „Yerkes-Dodson-Kurve" dargestellt (siehe Abbildung). Sowohl ein Zuwenig als auch ein Zuviel an Anspannung hemmt unsere Leistungsmöglichkeit. Mit dem richtigen Maß an Anspannung jedoch sind wir zu Spitzenleistungen in der Lage.

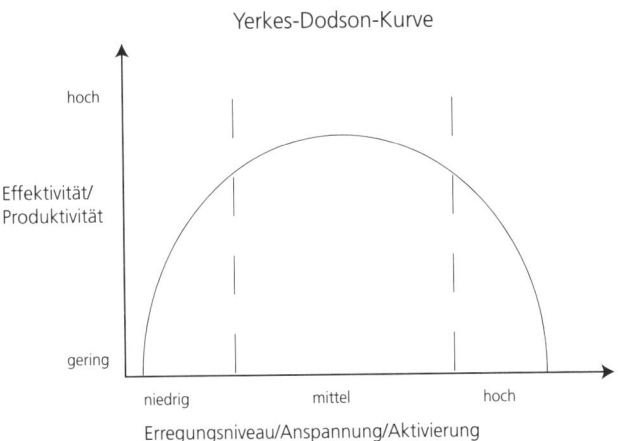

Yerkes-Dodson-Kurve

Effektivität/
Produktivität

hoch

gering

niedrig   mittel   hoch

Erregungsniveau/Anspannung/Aktivierung

Verdammen Sie also nicht die Anspannung und das Lampenfieber samt und sonders. Und gehen Sie nicht zu hart mit sich ins Gericht: Jemand, der jede Woche mehrere Präsentationen zu halten hat, bekommt logischerweise schneller Routine und meistert auftretende Schwierigkeiten besser. Und noch etwas sollten Sie sich immer vor Augen führen: Es gibt Naturtalente – Menschen, die von Haus aus souverän, ruhig und mit Freude an Präsentationen herangehen. Und es gibt Menschen, denen so ein Auftritt immer etwas unangenehm sein wird und die weder sich noch Sachverhalte gerne vor Publikum präsentieren wollen. Jedem also das Seine.

Wenn Sie nicht besonders gerne Vorträge halten, sich dies aber in Ihrem Job nicht ganz vermeiden lässt, dann sorgen Sie dafür, dass Sie sich so wohl wie möglich dabei fühlen. Bauen Sie vor:

▸ Verschwenden Sie nie zu viel Energie durch Hadern („Ich mag die Präsentation nicht halten", oder: „Das wird sicher wieder fürchterlich!"). Treffen Sie eine klare Entscheidung und machen Sie das Beste daraus. Sehen Sie es als Chance an, dazuzulernen – Sie müssen diese Herausforderung ja nicht gleich lieben lernen.

▸ Bereiten Sie sich bestmöglich vor! Recherchieren Sie ausführlich in Inter- und Intranet, sprechen Sie mit Kollegen, besorgen Sie sich Informationen der entsprechenden Fachabteilungen. Je besser Sie informiert sind, desto gewappneter sind Sie für Fragen und Einwände.

▸ Lassen Sie sich helfen, wenn Sie ungeübt sind in guten Powerpoint-Präsentationen – davon hängt viel ab. Eine Powerpoint-Präsentation soll das gesprochene Wort unterstützen, nicht ersetzen. Verkünsteln Sie sich also bitte nicht in den zahllosen grafischen Möglichkeiten – klar strukturiert, nicht zu viel Text und Farbe, Grafik und Schrift groß genug, nicht zu viele Folien. Sollten Sie öfter solche Präsentationen halten müssen, bietet sich ein kompakter Einführungskurs an – danach beherrschen Sie die wichtigsten Schritte und die Präsentationen sind schnell zusammengestellt.

▸ Sorgen Sie für Abwechslung: Nutzen Sie mehrere Medien, z. B. kurze Videoeinspielungen und neben dem Beamer für die Präsentation auch das gute alte Flipchart. Damit können Sie besser Spannungsbögen erzeugen als mit Powerpoint – üben Sie nur bitte vorher eine große und vor allem leserliche Schrift.

▸ Üben Sie unbedingt vorher in Eins-zu-eins-Situation, also zu realen Vortragsbedingungen: mit Technik, lautem

Vortrag und bestenfalls vor Kollegen oder Freunden, die Ihnen Feedback geben können. Durch das laute Üben bekommen Sie zum einen ein Gefühl für die Zeit. Andererseits merken Sie, welche Formulierungen Ihnen noch nicht flüssig über die Lippen kommen wollen. Noch einen Vorteil hat das laute Vorbereiten: Sie merken, ob Sie etwas Gesprochenes oder etwas Geschriebenes vortragen. Wenn wir uns schriftlich vorbereiten, verwenden wir nämlich oft Wendungen und Satzkonstruktionen, die wir im Leben nie so sagen würden. Also: Stellen Sie sicher, dass Sie natürlich sprechen.

▸ Seien Sie überpünktlich am Veranstaltungsort und überprüfen Sie gewissenhaft alles: Funktioniert die Technik (Anschluss Laptop zu Beamer, eventuell Verdunklung, Soundsystem, Mikro etc.)? Sind Blöcke und Stifte vorhanden? Stehen Getränke bereit? Sind genügend Stühle da? Liegen genügend Kopien vom Handout bereit? Auch wenn vielleicht für die Vorbereitung andere verantwortlich sind – checken Sie alles noch einmal, denn es fällt auf Sie zurück und macht Sie selbst unnötig nervös, wenn etwas nicht funktioniert.

▸ Sorgen Sie für einen besonders guten Beginn und ein besonders gute Ende: Das bleibt in Erinnerung und ein fulminanter Schluss kann so manchen blassen Mittelteil deutlich aufwerten.

▸ Seien Sie so gut wie möglich, begleiten Sie aber Ihre Schwächen und menschlichen Unsicherheiten auch mit einem Augenzwinkern. Kleine Fehler, witzige Versprecher oder einen kleinen Stolperer übers Kabel kreidet Ihnen niemand an, im Gegenteil: Das macht Sie mensch-

lich. Und wenn Sie selbst als Erster darüber einen kleinen Witz machen, nehmen Sie den Kritikern den Wind
aus den Segeln.

Angst vor Klartext und Neinsagen

Wieder einmal kommt Ihr Chef zehn Minuten vor Feierabend ins Büro, knallt Ihnen einen dicken Ordner auf den
Tisch und meint: „Herr Müller, das können Sie sicher noch
schnell durchsehen, das muss morgen früh in die Nachbar-
abteilung!" Wieder einmal ärgern Sie sich im Meeting über
Ihre Kollegin: Sie schafft es, dass ihr der Chef interessiert
zuhört, während Sie mit den weitaus besseren Projektideen
wieder einmal nicht zum Zuge kommen. Oder Sie ärgern
sich über sich selbst: Wieder einmal haben Sie einen Auftrag vom Kunden XY angenommen, obwohl Sie genau
wissen: Das bringt nur wieder viel Ärger mit sich – der
Kunde hat ständig Verbesserungswünsche, bringt Zusatz-
arbeit und zahlt erst nach mehreren Erinnerungen. Sie aber
nehmen den Auftrag wieder an, weil Ihnen die Existenzangst im Nacken sitzt. Und Sie fragen sich: Warum sage ich
Ja, wenn ich eigentlich Nein sagen möchte? Warum druck-
se ich herum, wenn mir doch eigentlich nach Klartext zu-
mute ist? Warum sage ich so selten klar und deutlich meine Meinung? Warum kann es mir nicht egal sein, was der
andere darüber denkt? Wieso schaffen es immer nur die
anderen, sich durchzusetzen – nie ich? Warum habe ich
vor Klartext und Neinsagen immer solch eine Angst?

Nun, die Frage nach dem Warum kann ich Ihnen hier nicht
beantworten – ich kenne Sie und Ihre Geschichte nicht.
Das kann die unterschiedlichsten Gründe haben, die oft

mit unserer Erziehung („Bleib immer hübsch unauffällig!"), unseren Glaubenssätzen („Ich bin beliebt, wenn ich es allen recht mache") und eigenen Erfahrungen zu tun haben.

Dies intensiv anzuschauen und gegebenenfalls aufzuarbeiten sprengt den Rahmen eines solchen Buches – das wäre ein gutes Thema für ein Coaching.

Die Tatsache aber, dass Sie sich diese Frage stellen, ist schon die halbe Miete. Warum? Nun, Sie können nur etwas tun, wenn Sie anfangen, darüber nachzudenken und sich darüber bewusst zu werden. Sie beginnen, etwas ändern zu wollen, etwas infrage zu stellen – gut so! Auch wenn Sie gerade noch keine Ahnung haben, wie Sie vom ständigen Jasagen zum gut platzierten Neinsagen kommen wollen – aber Sie machen gerade den ersten Schritt. Sie stellen fest: Ich will das nicht mehr!

Angst vor dem Neinsagen haben wir, weil wir die Reaktion des anderen fürchten. Weil wir glauben, das Nein kommt nicht gut an, stößt auf Unverständnis oder Ablehnung. Nein, wir glauben es nicht nur, wir sind sogar oft fest davon überzeugt. Daher gilt zuerst einmal: Machen Sie den Reality-Check!

Simone, 32 Jahre, Assistentin der Geschäftsleitung, Coaching-Klientin:

„Ich kann doch meinem Chef unmöglich ins Gesicht sagen: ,Nein, ich erledige die Arbeit heute nicht mehr, ich habe gleich Feierabend!' – Schließlich ist er doch mein Vorgesetzter und das würde ja wie Arbeitsverweigerung oder fehlende Motivation klingen. Da wäre er doch sicher sauer – nein, das geht nicht, unmöglich!"

Das befürchtet Simone – hat sie es je ausprobiert? Nein!
Wie aber kann sie wissen, wie ihr Chef in solchen Situationen reagiert, wenn sie es nie ausprobiert hat? Ja, vielleicht
reagiert er wie erwartet sauer und ungehalten. Aber vielleicht ist er ja guten Argumenten gegenüber durchaus
aufgeschlossen. Vielleicht kann er den Wunsch nach Feierabend gut nachempfinden, da auch ihm seine Familie sehr
wichtig ist. Vielleicht weiß er, dass Simone am nächsten
Tag die Arbeit fristgerecht und gewissenhaft erledigt, und
die ganze Geschichte ist fünf Minuten später vergessen.
(Zu der hier angesprochenen Angst vor dem Chef komme
ich im entsprechenden Kapitel auf Seite 37 noch einmal!)

Die Sorge und die Vorstellung, wie jemand reagieren könnte, ist oftmals sehr viel größer, schwärzer und fürchterlicher
als die Realität. Und je mehr wir diese Sorge und diese
schreckliche Vorstellung hegen und pflegen, desto größer
und fürchterlicher wird das Bild – und desto weniger trau-
en wir uns, es zumindest ein einziges Mal darauf ankommen zu lassen und es auszuprobieren.

Wenn Sie jetzt lernen, öfter mal Nein zu sagen, verwandeln
Sie sich deshalb ja nicht gleich zum unkooperativen und
harten Egozentriker. Sie sollen ja auch nicht ständig nur
noch Nein sagen – die Mischung macht's. Wenn Sie Zeit,
Kapazität und Lust haben, dann helfen Sie. Wenn nicht,
dann sagen Sie Nein. Entwickeln Sie außerdem ein Gefühl
dafür, wer Ihre Hilfsbereitschaft eigentlich ständig nur
ausnutzt – dies geschieht z. B. oft aus Bequemlichkeit,
Dinge nicht selbst machen zu wollen ("Kannst du mal
schnell helfen? Du machst das immer so toll!"). Sie dürfen
selbst entscheiden, ob, wem und wann Sie helfen wollen.
Wenn Sie jemandem helfen wollen, im Augenblick aber

keine Zeit haben, dann sagen Sie es und helfen trotzdem weiter: „Nein, im Moment geht's nicht. Komm bitte morgen früh noch mal, dann hab ich Zeit."

Angst vor der Gehaltsverhandlung

„Über Geld spricht man nicht!" – Mit dieser eisernen Regel sind viele von uns aufgewachsen. Wenn Sie sich immer noch daran halten: Tja, dann können Sie nur hoffen, tarifgemäß automatisch regelmäßige Gehaltserhöhungen zu erhalten – oder dass Sie einen ungemein reizenden Chef haben, der Ihnen gerne freiwillig mehr Geld gibt als bislang. Weil Sie doch gar so gute Leistungen bringen und er sonst ein ganz schlechtes Gewissen bekäme.

Und wovon träumen Sie nachts? Nein, so funktioniert das leider nicht. Sie müssen den Mund aufmachen! Aber bevor Sie den Mund aufmachen, müssen Sie sich sicher sein, müssen Sie so ein Gespräch unbedingt gut vorbereiten. „Boss, ich will mehr Geld!", das klappt vielleicht in Schlagertexten, jedoch ganz sicher nicht im echten Berufsleben.

Sie müssen sich sicher sein – damit meine ich einen entscheidenden Faktor: Sie brauchen eine glasklare Antwort auf die Frage „Was ist meine Arbeit wert?". Die Beschäftigung mit dieser Frage beinhaltet deutlich mehr als bloße Überlegungen wie: „Wie lange bin ich in der Firma und was habe ich in letzter Zeit geleistet?", oder: „Wie sind die aktuellen Marktpreise?". Diese Frage hat etwas mit Ihrem Selbstwert zu tun. So seltsam das auch im Zusammenhang mit einer Gehaltserhöhung klingen mag: „Selbst-Wert" – was ist Ihre Arbeit wert?

Mögliche Stolperfallen auf dem Weg zu einer ehrlichen und richtigen Antwort können u. a. folgende Annahmen und Glaubenssätze sein:

▸ Na ja, ich leiste auch nicht mehr als die Kollegen. Wir sitzen doch alle im selben Boot. Eine Gehaltserhöhung wäre ihnen gegenüber doch unfair.

▸ Das ist doch alles selbstverständlich, was ich hier leiste – dafür kann ich unmöglich mehr Geld verlangen.

▸ Geld ist mir nicht so wichtig – das Lob meiner Kollegen und Kunden ist mir viel wichtiger.

▸ Ach, da kann ich doch gar nichts machen, die anderen bekommen auch nicht mehr Geld. Das ist bei uns in der Firma/in diesen schlechten Zeiten eben so.

▸ Nein, meine Arbeit kann man sowieso nicht in Geld bemessen. Mir sind die inneren Werte wichtiger.

Na, haben Sie sich wiedererkannt? Solange Sie diese Dinge glauben, sind erfolgreiche Gehaltsverhandlungen nicht allzu wahrscheinlich. Oder zumindest nicht so erfolgreich, wie sie sein könnten. Seien Sie also ehrlich zu sich selbst und kommen Sie sich auf die Schliche. Diese Stolperfallen sind Ihnen meist gar nicht bewusst, also müssen Sie genauer und sehr ehrlich hinschauen.

Ideen für die Vorbereitung von Gehaltsgesprächen:

▸ Kommen Sie sich auf die Schliche und setzen Sie sich mit Ihrem „Selbst-Wert" auseinander!

▸ Listen Sie genau auf, welche Leistungen/Erfolge in letzter Zeit auf Ihr Konto gingen.

▸ Finden Sie mehrere stichhaltige Antworten auf die Frage „Warum soll ich Ihnen mehr geben?".

▸ Wie viel mehr Geld möchten Sie am Ende in der Tasche haben? Definieren Sie ganz genau diese Summe – kein „in etwa" oder „ein bisschen mehr"!

▸ Gehen Sie selbstbewusst ins Gespräch, und zwar mit 10–20 % mehr als die eben definierte Summe – dann können Sie entspannt handeln.

▸ Üben Sie ein solches Gespräch unbedingt mit Ihrem Partner oder mit Freunden und lassen Sie sich ein konstruktives Feedback geben: Wirken Sie sicher? Treten Sie selbstbewusst auf? Wo wackelt es noch?

▸ Und dann: Vereinbaren Sie mutig einen Termin und freuen Sie sich schon jetzt auf mehr Geld in der Tasche!

Angst vor dem Feedbackgeben

Ums Feedbackerhalten kommen wir meist sowieso nicht herum. Wenn der Chef, ein Kollege oder ein Mitarbeiter mit uns reden will, können wir nicht einfach Nein sagen – ob das nun angenehm oder nicht so angenehm wird.

Gerne aber drücken wir uns immer wieder davor, dem anderen unangenehmes Feedback zu geben. Wir haben uns über den anderen geärgert, es wurmt uns, es beginnt vielleicht sogar allmählich zu brodeln, aber: Wie sag ich's meinem Kinde? Und während wir noch hin und her wägen, ob wir es sagen sollen, wie wir es sagen sollen, ob wir dem anderen nicht zu nahe treten, ob es wirklich so wichtig ist, ist die Gelegenheit schon vorbei, wo es noch sinnvoll gewesen wäre, zeitnahes Feedback zu geben.

Wir machen es uns unnötig schwer, wieder einmal. Denn in den allermeisten Fällen können wir mit gut geführten Feedbackgesprächen Zwistigkeiten aus dem Weg räumen oder zumindest einen großen Teil klären. Und wir können das Thema aus unserem Rucksack packen, der nämlich sonst schwerer und schwerer wird. Wir kennen das: Wir ärgern uns über jemanden, sagen aber nichts, behalten es für uns. Oft verschwindet es dadurch aber nicht – im Gegenteil: Es wird immer größer. Wir liegen auf der Lauer und warten förmlich darauf, dass der doofe Kollege sich ein weiteres Mal doof verhält. Weil wir nämlich dann sagen können: „Ha! Hab ich's doch gewusst. Der war damals schon so doof!"

So werden sehr schnell aus Mücken Elefanten. Wem bringt das was? Eben! Nämlich niemandem. Also machen Sie es anders: Sagen Sie zeitnah das Richtige! „Zeitnah" bedeutet nicht unbedingt direkt danach, aber zum nächsten passenden Zeitpunkt. Feedbackgeben hat ja zwei vorrangige Ziele: Sie wollen es loswerden und der andere kann bestenfalls etwas über seine Wirkung erfahren und dazulernen. Daher ist es zwar erleichternd für Sie, wenn Sie dem anderen die Kritik einfach vor die Füße knallen, aber wirklich konstruktiv ist das nicht. Wenn Sie sich also für konstruktives Feedback entscheiden, dann schlage ich Ihnen folgenden Dreischritt vor:

Konstruktives Feedback

1. Beschreibung der Situation: „Gestern in der Sitzung hast du dir für deine Ausführungen so viel Raum genommen, dass ich mit meinen Ideen nicht zum Zug kam."

2. Beschreibung Ihrer Gefühle dabei: „Und da mir meine Ideen wirklich wichtig waren, hat mich das geärgert, zumal das schon öfter vorkam."

3. Vorschlag, Wunsch: „Ich möchte bei der nächsten Sitzung als Erste sprechen, danach hast du noch genug Zeit für deine Ausführungen. Einverstanden?"

So sprechen Sie mit Ich-Botschaften (also kein „*Du* bist schuld!" – das ist reiner Angriff und damit erreichen Sie lediglich, dass der andere sich reflexartig sofort verteidigt. Und schon ist der destruktive Schlagabtausch im Gange!). Und Sie beweisen mit dem dritten Schritt, Ihrem Vorschlag zur Veränderung, dass Ihnen nicht nur daran gelegen ist, Ihren Frust loszuwerden, sondern an echter Bewegung.

Angst vor dem Bewerbungsgespräch

Zu diesem Thema kommt nun ein Mann zu Wort, der seit über 18 Jahren in unterschiedlichen Unternehmen genau diese Bewerbungsgespräche „auf der anderen Seite" führt – ein Personaler, der uns hinter die Kulissen blicken lässt und wertvolle Tipps gibt: Andreas Schebeler, Regionalleiter

Personal und Prokurist bei Kühne + Nagel (AG & Co.) KG in Langenbach.

> *Herr Schebeler, merkt ein Personaler, wenn ein Bewerber Angst hat, und wenn ja, woran?*
>
> **Andreas Schebeler:** Ja, in 95 % aller Fälle merke ich es, das bringt die jahrzehntelange Erfahrung mit sich. Sehr oft ist schon der Händedruck zur Begrüßung zittrig. Bewerber sitzen dann entweder unruhig auf ihrem Stuhl oder stocksteif vorne auf der Stuhlkante. Sie schauen mir entweder gar nicht oder unentwegt in die Augen.
>
> *Was denkt ein Personaler darüber, dass Bewerber nervös sind oder gar Angst haben?*
>
> **Schebeler:** Nun, es geht in einem Bewerbungsgespräch um viel – da ist es völlig normal, ein wenig nervös zu sein. Ich mache da natürlich Unterschiede: Wenn ein junger Mensch, der gerade seit ein paar Monaten seine Ausbildung fertig hat und sich das erste Mal bewirbt, nervös ist, dann ist das nachvollziehbar und völlig in Ordnung. Wenn mir jedoch z. B. ein 48-jähriger Abteilungsleiter gegenübersitzt und mir sehr nervös vorkommt, werde ich hellhörig. Er müsste solche Gespräche eigentlich souverän führen können. Dort bin ich auf der Hut und schaue genau hin, ob er vielleicht etwas verbergen will.
>
> Nervosität kann auch zeigen, dass es dem Bewerber ernst ist, dass er weiß, worum es geht. Als professioneller Entscheider ist es daher meine Aufgabe herauszufinden, um welche Art von Nervosität es sich bei dem jeweiligen Bewerber handelt. Grundsätzlich stelle ich aber fest,

dass Bewerber, die sich gut vorbereitet haben, deutlich weniger nervös sind.

Gutes Stichwort, Herr Schebeler: Wie können sich Bewerber auf ein solches Gespräch gut vorbereiten?

Schebeler: Sie sollten auf jeden Fall deutlich mehr Zeit darauf verwenden, sich fachlich vorzubereiten, als zig Bewerbungsratgeber auswendig zu lernen! Ich merke ziemlich schnell, wenn mal wieder die gängigen Tipps befolgt werden: Wenn im Ratgeber steht „Fuchteln Sie nicht mit den Händen!", dann liegen meist die Hände völlig unnatürlich die ganze Zeit regungslos auf der Tischplatte. Wenn im Ratgeber empfohlen wird, dem Personalchef selbstbewusst in die Augen zu sehen, dann kommt oft ein unangenehmes Dauerstarren dabei heraus. Und wenn ein flüssiger Redestil angeblich so gut ankommen soll, dann hat der Bewerber große Angst vor Pausen und redet ohne Punkt und Komma. Oder er antwortet viel zu schnell mit typischen Standard-Ratgeber-Antworten auf Fragen, die keine schnelle Antwort nach sich ziehen können.

Haben Sie hierfür ein Beispiel?

Schebeler: Ich frage einen Bewerber in München, ob er sich vorstellen könnte, für den neuen Job in eine weit entfernte, nicht wirklich attraktive Kleinstadt zu gehen. Ein wie aus der Pistole geschossenes „Ja, natürlich, kein Problem!" ist für mich unglaubwürdig, da werde ich misstrauisch. Authentisch und selbstbewusst wäre eine Antwort wie: „Grundsätzlich könnte ich mir das schon vorstellen. Allerdings brauche ich dazu noch weitere Informationen: Wie sieht die Stellenbeschreibung genau aus, welche Aufgaben würden mich erwarten, in welchem Team arbeite ich dort, wie sähen Möglichkeiten zur Weiterentwicklung dort aus etc. Ich halte es nicht für ausgeschlossen, wünsche mir dafür dann aber Bedenkzeit, um mich auch mit meiner Partnerin zu besprechen." Das ist authentisch – damit kann ich etwas anfangen.

Wissen Sie, ich muss recht schnell herausfinden, ob ein Bewerber schauspielert oder sich so gibt, wie er wirklich ist. Ich möchte und muss mir ein möglichst genaues Bild über den Menschen machen – aber über den Menschen, wie er wirklich ist. Nur so sehe ich, ob er zu uns und zu der Stelle passt. Es geht für den Bewerber um viel, aber auch für uns: Wir haben eine Stelle zu besetzen und wollen natürlich möglichst passgenau dazu jemanden finden. Kein Unternehmen kann sich Fehlbesetzungen leisten, dafür kostet die fundierte Einarbeitung eines Mitarbeiters einfach zu viel. Und nicht nur fachlich, auch menschlich muss es passen – und das herauszufinden klappt nur ohne Schauspiel.

Gibt es dann auch das andere Extrem, das Sie misstrauisch werden lässt – den allzu Selbstbewussten?

Schebeler: Ja, natürlich. Das ist genauso unglücklich. Wenn ein Bewerber selbstsicher wirkt, weil er offensichtlich viel Ahnung hat und gut vorbereitet ist – prima. Aber die coole Maske durchschaue ich schnell, spätestens nach der Hälfte des Gesprächs schaue ich dahinter. Ein „Hoppla, jetzt komm ich und Sie haben nur auf mich gewartet!" kommt bei mir nie gut an – genauso wenig wie eine plump-joviale Antwort auf die Frage nach seinen

Schwächen, wie z. B. „Wenn ich welche hätte, ich würd sie Ihnen nennen, ehrlich!". Das ist nicht witzig, das ist plump und wirkt schnell peinlich. Jeder hat Schwächen – wenn der Bewerber charmant und intelligent dazu steht, dann wirkt dies souverän und ehrlich.

Sie sprachen zuvor von der fachlichen Vorbereitung, die Sie sich beim Bewerber oft intensiver wünschten – wie sieht die aus?

Schebeler: Zunächst einmal sollte er die Möglichkeiten ausschöpfen, die das Internet bietet: Dort kann er sich umfassend über unser Unternehmen informieren. Natürlich muss er sich auch mit der Aufgabenstellung und den entsprechenden Anforderungen ausgiebig befassen und darauf vorbereiten. Wir möchten nämlich sehen, dass er sich nicht nur auf irgendeine Stelle beworben hat, sondern warum er gerade zu uns möchte. Aus diesen fundierten Kenntnissen über das Unternehmen kann der Bewerber dann nämlich auch fundierte Fragen entwickeln. Allerdings sollte ein guter Bewerber sich auch mit sich, seinem bisherigen Werdegang und seinen bisherigen Erfolgen und Misserfolgen auseinandersetzen. Jeder Bewerber sollte darstellen können, welchen spezifischen „Mehrwert" er dem Unternehmen bringt.

Kann bzw. soll denn der Bewerber auch Fragen stellen?

Schebeler: Natürlich soll er das! Das Bewerbungsgespräch ist eine Bewerbung auf Gegenseitigkeit – der Personaler darf viel wissen wollen, der Bewerber aber auch.

Fragen nach unserem Leitbild, nach der Führungsphilo-
sophie und Unternehmenskultur, aber auch sehr gerne
konkrete Fragen zu seiner potenziellen neuen Stelle: Wie
ist das Team strukturiert, wer arbeitet dort noch, was
sind die Hauptaufgaben, gibt es z. B. Möglichkeiten,
zeitweise international zu arbeiten, etc. Solche Fragen
höre und beantworte ich gerne – hingegen sollten die
Bewerber bitte nicht als Erstes nach dem Gehalt und den
Urlaubstagen fragen.

Zuletzt noch ein scheinbar banaler Tipp zur Vorbereitung: Lesen Sie sich Ihren Lebenslauf vorher nochmals
durch. Leider geschieht es allzu oft, dass ich Fragen zu
Details des Lebenslaufs stelle und der Bewerber dann ins
Stottern gerät oder etwas anderes erzählt als das, was
im Lebenslauf steht. Dies lässt mich logischerweise misstrauisch werden und ich bohre dann schon mal intensiver nach.

*Was fällt Ihnen zum Thema „Angst vorm Bewerbungs-
gespräch" noch ein?*

Schebeler: Viele Bewerber scheinen aufgrund der Ver-
mutung, dass der Personaler sie in die Ecke drängen will,
unter Stress setzen oder gar fertigmachen will, Angst zu
haben. Ganz klar gesagt: Ein faires und seriöses Unternehmen macht so etwas nicht und führt keine „Psycho-
Gespräche"! So etwas hat keinen Stil.

Wir wollen niemanden unter Stress setzen. Aber wir
wollen Sachverhalte erkennen und verstehen, also fragen wir bei Unklarheit nach – und dies unter Umständen
auch hartnäckig und bestimmt. Beim Bewerbungsgespräch sitzt der Bewerber nicht auf der Anklagebank, es

ist aber auch kein Kaffeeklatsch und keine Kuschelstunde. Wenn der Bewerber schlecht vorbereitet ist, wird er ins Schwimmen geraten – und dies dann aus eigenem Verschulden und nicht deshalb, weil der Personaler so böse ist. Auch die Tatsache, dass vor dem Bewerber oft drei Menschen sitzen, sollte nicht unter Druck setzen, denn es macht meist Sinn: Da gibt es den Personalchef, dann meist den Abteilungsleiter bzw. Fachvorgesetzten, in dessen Abteilung die Stelle angeboten wird, und oft noch einen Trainee, der lernen will. Sinnvoll also und kein Tribunal.

Wie gesagt: Ich weiß, dass jeder Mensch seine Schwächen hat, die muss er auch nicht krampfhaft verbergen oder beschönigen. Aber ich erwarte eine stichhaltige und überzeugende Antwort auf die Frage „Was tun Sie dagegen?". Dies entlarvt nämlich die „Opfer", die sich ohnmächtig fühlen, oder zeigt, wenn sich jemand eigenverantwortlich weiterentwickeln will.

Abschließend sei gesagt: Bewerber müssen keine Angst haben – schließlich haben sie eigentlich nichts zu verlieren. Im schlimmsten Fall gewinnen Sie eben „nur" nichts. Außerdem sind wir Personaler auch nur Menschen, mit denen man reden kann. Und: Ein Bewerbungsverfahren ist doch genau genommen eine Situation unter Gleichberechtigten: Der Bewerber will eine Stelle und das Unternehmen will einen passenden neuen Mitarbeiter. Genauso wie ein Unternehmen eine Absage schicken kann, kann auch ein Bewerber dem Unternehmen absagen. Jede Seite ist frei in ihren Entscheidungen.

Herr Schebeler, herzlichen Dank für die interessanten Einblicke in Ihre Arbeit und die wertvollen Tipps!

Auf den Punkt gebracht

▸ Entscheiden Sie selbst darüber, wie groß oder klein die „Bühne" ist, auf der Sie sich wohlfühlen.

▸ Zeigen Sie Persönlichkeit und Konturen – haben Sie den Mut, Nein zu sagen und konstruktives, auch mal hartes Feedback zu geben.

▸ Eine sehr gute Vorbereitung ist die halbe Miete, ob für eine Präsentation oder für Gehalts- und Bewerbungsgespräche.

▸ Und dann: Authentisch bleiben und üben, üben, üben!

Der richtige Umgang mit schwierigen Zeitgenossen

Manche Menschen sind einfach schwierig, wirklich wahr! Sie ticken anders als wir, sie kommunizieren zu wenig, sind irgendwie seltsam. Schwierig eben. Vielen dieser Menschen können wir aus dem Weg gehen – blöderweise nicht allen. Mit manchen dieser Zeitgenossen müssen wir uns beschäftigen, ob wir nun wollen oder nicht. Und wenn wir das dann mutig tun, merken wir doch oft: Der ist gar nicht so seltsam. Und wenn er vielleicht noch seltsamer ist als gedacht und ich begegne ihm mutig: Dann lerne ich wenigstens etwas über den Umgang mit schwierigen Zeitgenossen – und solch ein Wissen kann nie schaden, oder?

Angst vor dem Chef

Chefs können ja wirklich unglaublich sympathische Menschen sein – fair, fördernd, die mich stets mit interessanten Aufgaben betrauen, für mich da sind, mir zuhören, sich für mich einsetzen, mir immer lange Leine lassen …

Chefs können aber auch anders sein: gehetzt, streng, unfair, ausbeuterisch, die mir immer die gleichen langweiligen Routinearbeiten geben, mir nichts zutrauen, schrecklich autoritär sind.

Und dann gibt es wohl noch das Phänomen, dass ziemlich viele Chefs fremde Wesen von einem anderen Stern sind. Wie ich darauf komme? Wesen von einem anderen Stern sprechen nicht meine Sprache und ich nicht die ihre. Ich weiß nicht, wie ich mit Wesen von einem anderen Stern in Verbindung treten kann. Ich spreche sie vorsichtshalber nicht an, denn man weiß ja nie. Vielleicht passiert etwas ganz Furchtbares, wenn ich mein Wort an sie richte. Vielleicht schießen dann ja blaue Blitze oder schwarze Rauchwolken aus ihren Augen. Vielleicht bebt ja die Erde, wenn ich sie anspreche, oder der Himmel tut sich auf. Blödsinn, meinen Sie? Chefs sind auch nur Menschen wie du und ich?! Ach, sagen Sie bloß!

Wenn ich so manche meiner Coaching-Klienten oder Seminarteilnehmer anhöre, könnte man wirklich daran glauben, an die Chefs von einem anderen Stern: „Ich kann doch da nicht einfach hingehen und ihm meine Meinung sagen!" Oder: „Nö, das versuch ich erst gar nicht. Der ist immer so in Eile, mit dem kann man nicht reden!" Oder: „Die da oben können doch gar nicht beurteilen, wie es uns an der Basis so geht!"

Bevor Sie das nicht ausprobiert und mit Ihrem Chef zumindest einmal Klartext geredet haben, können Sie nicht solche Urteile fällen. Mal ganz klipp und klar gesagt.

Ja sicher: Ihr Chef sollte bestenfalls eine gewisse Autorität besitzen, vielleicht sogar eine Respektsperson sein. Aber in erster Linie ist auch Ihr Chef „nur" ein ganz normaler Mensch. Vielleicht spielt er ja in einer anderen Liga als Sie, bewegt sich in „wichtigeren" Kreisen oder kennt nur die „Großkopferten". Er ist vielleicht ein Studierter und Sie nicht, er spricht vielleicht drei Sprachen und Sie nur eine. Er spielt vielleicht Golf und Sie nur im Urlaub Minigolf.

Aber er ist auch ein Mensch, ein ganz normaler Mensch – mit dem Sie reden können. Und der wahrscheinlich auch froh darüber ist, wenn Sie offen und ehrlich mit ihm reden.

Viele meiner Kollegen, die Führungskräfte coachen, kennen den Satz: Erfolg macht einsam. Denn das ist oft ein großes Problem, das Chefs, Vorgesetzte, Führungskräfte haben: Weil sie jetzt Chef sind, traut sich niemand mehr, ihnen etwas zu sagen – geschweige denn die ehrliche und vielleicht auch mal unbequeme Meinung.

Ich kenne die Erleichterung meiner Klienten, wenn ich als Coach ihnen dann sehr wohl mal den Marsch blase, den Spiegel vorhalte oder auch mal sage: „Nee, Herr Müller, das war wohl nichts – das können Sie besser!"

Woher sollen sie denn wissen, wie sie ankommen, wenn es ihnen keiner sagt? Wie sollen sie denn merken, dass sie sich mit diesem Projekt oder jener Kampagne verrannt haben, weil sie viel zu realitätsfern gestaltet sind?

Herr K., Niederlassungsleiter eines großen BMW-Autohauses in München, sagte mir dazu einmal:

„Wissen Sie, ich kenne ja eher die VIP-Kunden unseres Autohauses. Diejenigen, mit denen ich Golf spiele oder die ich bei der hochpreisigen Whiskey- und Zigarrenverkostung treffe. Wenn ich aber einen Tag der offenen Tür plane, dann frage ich als Erstes meine Damen am Counter, die Serviceassistentinnen: ‚Wie ticken unsere Kunden grad so? Was interessiert die? Wer sind die? Wollen die eher einen Kochkurs, eine Modenschau oder einen Workshop zum Thema Radwechsel?'"

Als langjährige Trainerin bei BMW und MAN weiß ich: Ein guter Chef legt großen Wert auf die ehrliche Meinung seiner Mitarbeiter – nur so kann der Laden gut laufen.

Also: Tun Sie Ihrem Chef den Gefallen! Helfen Sie ihm, sich und Ihre Abteilung weiterzuentwickeln. Helfen Sie ihm zu verstehen, wie die Stimmung an der Basis im Augenblick so ist. Geben Sie ihm die Chance, Fehler auszumerzen, die er vielleicht aus Unachtsamkeit, Zeitdruck oder aufgrund fehlender Informationen gemacht hat.

Sie können auf offene Ohren stoßen, Sie können das loswerden, was Sie bedrückt, Sie können Ihr Gesprächsziel erreichen. Denn wie so oft: Der Ton macht die Musik – bereiten Sie ein Gespräch mit dem Chef gut vor. Hier einige Tipps dazu:

Vorbereitung auf das Chef-Gespräch – so klappt's!

▸ Was genau ist Ihr Ziel für das Gespräch? Bitte glasklar und superkonkret. Mit welcher Zusage wollen Sie nach z. B. einer Stunde aus dem Büro des Chefs gehen? Was möchten Sie loswerden? Welche Art von Feedback wünschen Sie sich? Welche Punkte sind zu klären?

▸ Bereiten Sie so gut wie möglich konkrete Details vor – Ihr Chef hat wenig Zeit und braucht klare Aussagen: Wenn Sie für die Firma neue Anschaffungen wollen: Besorgen Sie schon mal Angebote. Wenn Sie etwas verändern wollen: Warum genau, wie und bis wann? Belegen Sie Ihre Aussagen, machen Sie sie wasserdicht und attraktiv.

▸ Überlegen Sie bei der Vorbereitung: Wie ist Ihr Chef so? Auf welchem Ohr wird er besonders gut hören (Kosten, Erfolge, Zeitersparnis, höhere Motivation)? Legen Sie taktisches Geschick an den Tag – Sie möchten ja schließlich etwas erreichen, oder?

▸ Zeigen Sie Fingerspitzengefühl und überfallen Sie Ihren Chef nicht – sorgen Sie für den richtigen Zeitpunkt, wo er Ihnen auch in Ruhe zuhören will.

▸ Sprechen Sie klar, gelassen und selbstbewusst mit ihm! Kein Herumgedruckse, kein „könnte", „würde", „vielleicht", „wenn möglich" usw., kein Piepsstimmchen, sondern offener Blickkontakt, angemessene Lautstärke, unverschnörkelte Sprache, klare Argumente.

Und immer daran denken: Ihr Chef ist auch (nur) ein Mensch! Ein Mensch, der gut oder schlecht gelaunt ist, der Probleme mit sich herumträgt, der Verantwortung hat, der Druck bekommt von oben oder von den Zahlen, der viele Dinge im Kopf haben muss, der gestresst ist, der gerade aus dem Urlaub kommt, der gestern Abend Streit mit seiner Frau hatte, dem der Rücken wehtut, der Ängste hat. Lassen Sie sich die Chance nicht entgehen, die ein gutes Gespräch mit Ihrem Chef birgt, denn:

Ulrich Leinweber, Leiter After Sales, MAN, Frankfurt:

„Ich betreue viele Betriebe unseres Unternehmens und bin ständig dabei, die wichtigsten Baustellen zu bearbeiten und mit meinen Betriebsleitern zu lösen. Dabei fahre ich viel herum und habe immer hundert Dinge gleichzeitig im Kopf

> *und auf der Agenda. Wenn ich von einem Betrieb einmal nichts höre und die Ergebnisse in Ordnung sind, denke ich: Prima, da läuft der Laden! Oft ein fataler Irrtum, weil sich vielleicht die Mitarbeiter nicht trauen, mit mir zu reden. Dann sehe ich die Probleme erst, wenn jemand kündigt oder die Beschwerden der Kunden, Mitarbeiter oder des Betriebsrats eingehen. Ich bin darauf angewiesen, dass meine Mitarbeiter mit mir zeitnah reden – offen, ehrlich und auf Augenhöhe. Dann lassen sich nämlich die Probleme schon in einem sehr frühen Stadium klären. Oder ich kann den Mitarbeitern zumindest erklären, warum der Fall gerade so ist und wie es weitergehen kann."*

Arbeiten Sie mit Ihrem Chef auf Augenhöhe zusammen, unterstützen Sie ihn durch konstruktives Feedback und gewinnen Sie so an Souveränität und Professionalität.

Angst vor Kollegen

„Der hat mich heut schon wieder nicht gegrüßt!" Oder: „Also, ich könnt wetten: Immer wenn ich in die Kaffeeküche komme, hören die sofort mit ihrem Gespräch auf!" Oder: „Hoffentlich lässt mich der Meier heute in der Projektbesprechung nicht wieder so auflaufen, schon beim letzten Mal war mir das so peinlich." Kennen Sie solche Gedanken?

Teamarbeit kann so viel Spaß machen. Manchmal nervt uns Teamarbeit aber auch gewaltig: Kollegen, denen wir uns unterlegen fühlen, die in unseren Augen unfair, grob, überheblich, intrigant sind, die Arbeit auf uns abwälzen, bei jedem Klatsch und Tratsch dabei sind, sich beim Chef einschmeicheln, mit unfairen Mitteln kämpfen usw. Ich spreche hier jetzt nicht von handfestem Mobbing – dies wäre eine andere Kategorie und damit sollten Sie sich an Vertrauenspersonen im Betrieb oder direkt an Ihren Chef wenden. Wenn Sie das Gefühl haben, gemobbt zu werden, nehmen Sie dies bitte ernst und scheuen Sie sich nicht davor, sich jemandem anzuvertrauen. Sie müssen dies nicht allein mit sich ausmachen. Dafür gibt es Fachleute, die behutsam zuhören, auf Sie eingehen und Ihnen gegebenenfalls hilfreich zur Seite stehen.

Nein, ich spreche von der normalen, alltäglichen Nerverei. Von diesen schwierigen Kollegen eben. Wahre Gruselgestalten, schrecklich! Und solche Typen muss man jeden Tag um sich herum haben und ertragen!

So! Und jetzt hören Sie bitte auf mit der Jammerei und entscheiden Sie sich! Ach – Sie sagen jetzt: „Da kann ich nix machen, solche wird's immer geben!"? O. k. – dann aber bitte mit dem Jammern aufhören: Entweder Sie können nichts machen – dann arrangieren Sie sich, schalten Sie auf Durchzug und schonen Sie Ihre Nerven. Oder dieser Kollege macht Ihnen immer mehr Sorgen, bereitet Ihnen schlaflose Nächte und schlechte Laune? Dann tun Sie was! Und wenn ich sage, Sie sollen etwas tun, dann meine ich: Machen Sie den Mund auf! Wenn Sie nicht kündigen oder sich versetzen lassen wollen, wenn Sie keinen Meuchelmord begehen oder sich ins einsame Kämmerlein verkriechen wollen, dann bleibt Ihnen nichts anderes übrig: Reden Sie!

Überlegen Sie vorher, welches Ziel dieses Gespräch mit dem Kollegen für Sie haben soll. Das ist oft gar nicht so einfach. Wollen Sie ihm einfach endlich einmal die Meinung sagen oder wollen Sie vielleicht eine gute neue Regelung für Ihren Umgang miteinander finden? Möchten Sie auch seine Sicht der Dinge erfahren? Nehmen Sie sich Zeit für dieses Gespräch und lassen Sie es vielleicht auf neutralem Boden stattfinden, zum Beispiel bei einem Spaziergang – das hilft beim Denken und bringt auch starre innere Haltungen in Bewegung.

Ihr Feedback können Sie so gestalten, wie ich es Ihnen im vorigen Kapitel empfohlen habe.

Noch ein Tipp: Vergelten Sie nicht Gleiches mit Gleichem: Wenn Ihr Kollege hinter Ihrem Rücken über Sie tratscht, müssen Sie das noch lange nicht nachmachen. „Wie du mir, so ich dir!" ist doch eher etwas für den Kindergarten, meinen Sie nicht auch? Sicher, Sie können es sich hin und wieder zur Psychohygiene gönnen, z. B. bei einer Freundin mal ordentlich abzulästern über den Idioten von Kollegen. Wenn das aber zur Dauereinrichtung wird, überlegen Sie: Wollen Sie jammern oder wollen Sie an der Situation nachhaltig etwas ändern?

Verstehen Sie mich bitte nicht falsch: Kollegen, die Sie täglich drangsalieren, sind ärgerlich, können Ihnen den Spaß an der Arbeit nehmen und Sie wirklich stark belasten. Dann ist es wichtig, sich damit ernst zu nehmen und dafür zu sorgen, dass sich daran etwas ändert. Entweder ich kann etwas an der Situation ändern (mit dem Kollegen reden, mich versetzen lassen etc.) oder ich kann an meiner Haltung zu dieser Situation etwas ändern (auf Durchzug schalten, mir „den Schuh nicht mehr anziehen", im Coaching daran arbeiten).

Aber ich erlebe im Coaching auch immer wieder etwas anderes: Klienten, die gerne und ausführlich und die ganze Sitzung lang (wenn ich sie ließe) über diesen oder jenen Kollegen ablästern und sich aufregen. Die dann auch gerne mal ein „Sagen Sie doch mal, der ist doch wirklich unmöglich, oder?" einstreuen, weil sie Bestätigung von der Fachfrau bekommen wollen. Abgesehen davon, dass es im Coaching nie darum gehen kann, wer recht hat und wer nicht: Was würde es dem Klienten nützen? Was würde es an der Situation ändern?

Bei diesen Klienten habe ich dann das Gefühl: Wirklich ändern will der gar nichts! Eigentlich hat er sich ganz gemütlich in dieser Situation eingerichtet, der Schuldige ist klar ausgemacht, er ist das Opfer und kann sich des Mitgefühls vieler Kollegen und Freunde sicher sein. Und vielleicht ist ja dieses Lästern über den Kollegen in der Kaffeeküche oft sein einziges Thema. Hmm, wenn das kein Thema mehr wäre – über was würde er wohl dann reden? Gäbe es denn überhaupt andere Themen? Hält er vielleicht deshalb so fest an diesem Jammern? Mal ganz provokant gedacht.

Auf den Punkt gebracht

Wenn ein Kollege Ihnen das Leben schwer macht, beachten Sie bitte Folgendes:

▸ Ist es Mobbing? Dann nehmen Sie Ihre Bedürfnisse ernst und reden Sie mit einem Experten!

▸ Ärgern Sie sich ständig über den Kollegen XY? Dann treffen Sie eine Entscheidung!

▸ Ändern Sie an der Situation etwas: Reden Sie!

▸ Wenn Sie nichts an der Situation ändern können: Verändern Sie Ihre innere Haltung dazu. Machen Sie dieses Thema nicht mehr zu Ihrem Thema, distanzieren Sie sich innerlich, schalten Sie auf Durchzug. Drehen Sie am Lautstärkeknopf!

▸ Wenn Sie weder an der Situation noch an Ihrer Haltung etwas ändern können bzw. wollen: Dann gönnen Sie sich hin und wieder ein klein wenig Jammern – aber übertreiben Sie es nicht und fallen Sie damit nicht Ihrerseits anderen auf die Nerven!

Angst vor schwierigen Kunden

Auf Termine mit manchen Kunden freuen Sie sich immer schon lange vorher. Die Zusammenarbeit erfolgt auf partnerschaftlicher Augenhöhe, der Kunde ist offen für Ihre Ideen und zahlt pünktlich die Rechnungen. Und bei anderen Kunden – da bekommen Sie schon Schweißausbrüche, wenn sie nur anrufen. Schwierige Kunden können aus unterschiedlichen Gründen schwierig sein: Sind sie sehr anspruchsvoll und nörgeln viel? Wollen sie oft nachgebessert haben, quatschen sie mir ständig in meine Arbeit? Zahlen sie unzuverlässig oder gar nicht? Haben diese Kunden völlig andere Vorstellungen und Ansprüche an meine Arbeit als ich? Sind sie mir einfach unsympathisch?

Auch hier gilt wie im vorigen Kapitel: Können Sie de facto etwas ändern oder nicht? Vielleicht haben Sie ja nicht die Möglichkeit, Ihre ungeliebten Kunden auszusortieren – entweder weil Sie als Angestellter darüber nicht entscheiden können oder weil Sie als Selbstständige ausgerechnet diesen ungeliebten Kunden brauchen, weil er Ihnen einen Bombenumsatz bringt.

Gehen wir mal von einem Kunden aus, der Sie Nerven, aber nicht den letzten Nerv kostet. Denn wenn Sie über lange Zeit hinweg Kunden haben, die Ihnen die Laune vermiesen, wenn Sie Angstzustände bekommen und nicht mehr schlafen können, dann sollten Sie in der Tat überlegen, wie und an wen Sie diesen Kunden abgeben (es sei denn, Sie *wollen* leiden!).

Eine gute Nachricht vorweg: Sie können ungemein viel über sich selbst lernen und sich weiterentwickeln, wenn Sie diesen schwierigen Kunden mal ein wenig näher betrachten. *Warum* ist er für Sie so schwierig – und für jemand anderen vielleicht gar nicht? Wenn uns jemand nervt, haben wir *immer* auch einen Eigenanteil daran, nicht nur der doofe andere. Wir wissen ja längst: Gelungene Kommunikation hängt von beiden Seiten ab – vom Sender und vom Empfänger. Also tragen auch *beide* Seiten zum Misslingen bei. Ihr Kunde und Sie selbst.

Ich finde es ja immer spannender, sich selbst weiterzuentwickeln, als den anderen weiterentwickeln zu wollen. Also fragen Sie sich ehrlich: Auf welchen Knopf drückt der unbeliebte Kunde bei Ihnen?

▸ Ärgert es Sie vielleicht, dass er so klar und deutlich seine Ansprüche stellt – und zwar deshalb, weil Ihre eigene Klarheit noch manchmal zu wünschen übrig lässt?

▸ Sind Sie vielleicht genervt, weil er über jeden Schritt Bericht erstattet bekommen möchte? Fühlen Sie sich dadurch unter Aufsicht und haben das Gefühl, er traut es Ihnen eigentlich nicht zu?

▸ Finden Sie ihn vielleicht ungeheuer arrogant und selbstverliebt? Treten Sie selbst vielleicht noch viel zu bescheiden auf und sind insgeheim ein wenig neidisch auf seine Unverfrorenheit?

▸ Versucht er, den Preis zu drücken, und Sie fühlen sich nicht genügend wertgeschätzt für Ihre Arbeit? Vielleicht haben Sie selbst noch kein hundertprozentig sicheres Gefühl für Ihre Preise?

Sie sehen, es hat immer auch etwas mit uns selbst zu tun, wenn wir uns über andere ärgern. Der andere bringt etwas in uns zum Schwingen, berührt etwas und wir reagieren. Wenn er nichts in uns berühren würde mit seiner Art, wäre er uns egal und wir würden keinerlei Emotionen entwickeln. Besonders getroffen sind wir meist dann, wenn der andere Verhaltensweisen an den Tag legt, die wir entweder insgeheim an uns selbst nicht mögen oder auf die wir eigentlich ein wenig neidisch sind.

Ich erinnere mich spontan an zwei Situationen, in denen es mir selbst so ging. Die eine liegt lange zurück: In meiner Schulzeit gab es ein Mädchen, das war unglaublich hübsch, zog sich sexy an und hatte an jedem Finger zehn Jungs. Ich lästerte schon mal gerne über sie: „Die zieht ja nur Jungs an, die auf Äußerlichkeiten stehen – eigentlich ist die strohdoof!" Das mag zwar vielleicht gestimmt haben; aber eigentlich war ich ein klein wenig neidisch auf ihren Erfolg bei Jungs.

Die zweite Situation liegt ein paar Jahre zurück: Ich habe mich eine Zeit lang furchtbar aufgeregt über jemanden, der in einem Internetforum ständig enorm viel Eigenwerbung für sich gemacht hat. Ich habe auch öffentlich dagegen gewettert. Bis mir eine gute Freundin eines Tages die entscheidende Frage stellte: Warum kann dich der XY eigentlich immer sofort auf 180 hochschießen? Peng! – Das saß! Und nach ehrlicher Selbstbefragung stellte ich fest: Ein oder zwei Scheiben möchte ich mir von diesem Eigen-PR-Genie eigentlich abschneiden. Nicht in dieser Penetranz, nicht in dieser Plattheit – nein, auf meine eigene Art und Weise.

Und soll ich Ihnen etwas sagen? Seit ich das erkannt habe, lassen mich Meldungen von diesem Herrn völlig kalt! Es ficht mich nicht mehr an, er drückt keinen Knopf mehr bei mir. Gut ist's.

Seien Sie sich außerdem darüber im Klaren: Die Eier legende Wollmilchsau gibt es ausgesprochen selten – auch bei unseren Kunden. Es wird immer wieder Kunden für uns geben, die entweder zahlungswillig oder nett sind, die kompliziert, anstrengend, penibel oder unfreundlich sind. Hier gilt letztendlich: Sie müssen sich entscheiden!

In zumindest einer der beiden Waagschalen sollte für Sie genügend liegen: Entweder der Kunde zahlt wirklich gutes Geld und dies zuverlässig – dann kann er auch mal anstrengend sein. Oder der Kunde ist ungemein reizend und kooperativ, die Arbeit mit ihm macht enorm viel Spaß und Sie lernen viel dabei: Dann kann er vielleicht auch mal mit einem nicht so großen Budget ausgestattet sein.

Was ist Ihnen wichtiger?! Mit dieser klaren Entscheidung steht und fällt Ihr Seelenheil in Bezug auf schwierige Kunden.

Und noch ein wichtiger Punkt, der gerne übersehen wird: Sie müssen nicht alle Kunden nehmen, die Ihnen über den

Weg laufen. Sie dürfen wählen und Sie dürfen sich Ihre Traumkunden auch backen. Ja, richtig verstanden: Backen Sie sich ihren Traumkunden.

Mein Traumkunde

Machen Sie sich in Ruhe, ehrlich und schriftlich Gedanken zu folgenden Fragen:

▸ Hatte ich schon einmal einen „Traumkunden"? Was machte ihn dazu, wie war er? Beschreiben Sie ihn mit allen Einzelheiten, möglichst bunt und facettenreich.

▸ Welche Eigenschaften *muss* mein Traumkunde unbedingt mitbringen, welche wären „nice to have"? Entscheiden Sie sich für drei Hauptkriterien, an denen Sie auch nicht rütteln wollen.

▸ Wo finde ich diesen Traumkunden? Welche Akquisewege führen mich zu ihm? Auf welche Form von PR und Marketing reagiert er?

▸ Wie kann ich meinen Traumkunden noch besser an mich binden? Welche „Extraschmankerln" mag er?

Wenn Sie angestellt sind und sich ehrlich befragt (und daraus gelernt!) haben, warum Sie diesen Kunden nicht mögen: Überlegen Sie doch mal, ob Sie diesen Kunden nicht abgeben können! Wenn er gerade bei Ihnen besondere Knöpfe drückt, dann bleibt Ihr Kollege von ihm vielleicht völlig unberührt? Vielleicht sagt Ihr Kollege: „Ach, der Meier ist doch gar nicht so schlimm, den weiß ich zu nehmen. Gern übernehme ich den." Et voilà – der Kunde wird vielleicht besser betreut und Sie konnten ihn loswerden. Eine Win-win-Situation für beide Seiten.

Wie so oft im Leben (verzeihen Sie mir bitte, wenn ich jetzt wie ein altmodischer Spruch aus dem Poesiealbum klinge!) lernen wir besonders viel aus den schwierigen Situationen, bringt uns gerade das schwierige Gegenüber weiter. Manchmal sind Probleme wirklich einfach Probleme und nervige Kunden einfach nur nervig. Aber manchmal können wir sie auch als Herausforderung ansehen, als Möglichkeit zu lernen und zu wachsen. – Als eine Möglichkeit, die Ärmel hochzukrempeln und trotzig-wild entschlossen zu sagen: „Na, das wollen wir doch mal sehen!"

Dies tat eine der Serviceassistentinnen von MAN, die ich in der Fortbildung als Teilnehmerin hatte. Eine ehrgeizige junge Frau, die davon erzählte, wie sie vor einem halben Jahr ihre neue Stelle in einem großen MAN-Betrieb antrat:

Brigitte, 28 Jahre, Serviceassistentin bei MAN, Seminarteilnehmerin:

„Als ich meine neue Stelle antrat – in diesem Betrieb gab es vorher keine Serviceassistentin –, freuten sich die Meister aus der Werkstatt schon, sie sagten: ‚Endlich müssen wir uns nicht mehr um den Müller kümmern, das machst jetzt du!'

Sie berichteten, dass ‚der Müller' ein zwar wichtiger Kunde sei, Spediteur mit großem Fuhrpark, aber anscheinend mit Abstand der unsympathischste Mensch auf der Welt: ständig grimmig, launisch, brüllt rum, wird ausfallend. Die Jungs meinten wohl, mich damit ordentlich einschüchtern zu können. Aber nicht mit mir! Da war sofort mein Ehrgeiz geweckt und ich sagte: ‚Na dann wollen wir doch mal sehen, ob ich den nicht umgekrempelt bekomme.'

> *Und was soll ich Ihnen sagen? Inzwischen ist der Müller absolut lammfromm, grüßt freundlich, ist höflich – und montags ruft er oftmals nur deshalb in der Früh an, um mir eine gute Woche zu wünschen. Da staunen die Meister – und ich hab mir im Betrieb sofort einen exzellenten Ruf erworben."*

Angst vor Ablehnung: Haben mich auch alle lieb?

Egal ob Kunde, Kollegin oder Chef: Sehr oft basteln wir uns unsere Probleme dadurch selbst, dass wir unbedingt ständig von allen gemocht – ja, am besten geliebt – werden wollen. Uns ist die Meinung, das Urteil anderer enorm wichtig. „Was sollen denn die Nachbarn denken?" ist nicht nur ein Spruch unserer Eltern, sondern spukt auch uns selbst noch allzu oft im Kopf herum.

Sicher, wir sind soziale Wesen und leben in einer Gemeinschaft mit anderen Menschen und nicht als Eremiten auf einer einsamen Insel. Natürlich ist es wichtig und auch richtig, mit meiner Umgebung auskommen zu wollen. Natürlich ist es schön, wenn mich möglichst viele Menschen mögen.

Nur – wenn dieses „Haben mich auch alle lieb?" zum hauptsächlichen Lebensinhalt wird, wenn ich alles danach ausrichte, anderen gefallen zu wollen – dann wird es anstrengend!

Ich erwähnte bereits in meinem ersten Buch den schönen Spruch „Everybody's darling is everybody's Depp!". Und dann gibt es noch den altmodischen deutschen Spruch: „Allen immer recht getan ist eine Kunst, die keiner kann."

Mir scheint dieses übertriebene Harmoniebedürfnis eher ein Frauen- als ein Männerthema zu sein. Männer haben uns Frauen da einfach ein paar Jahrhunderte Berufstätigkeit voraus: Sie wissen oftmals (nicht immer, Verallgemeinerungen treffen die Realität nie exakt) besser zu unterscheiden, ob das mein Kollege oder mein Freund sein soll. Und sie wissen konstruktives Feedback von persönlichem Liebesentzug oder gar von einer Kriegserklärung oft klarer zu trennen. Ein (männlicher!) Trainerkollege von mir sagte einmal so schön: „Männer hauen sich die Nase blutig … und gehen hinterher ein Bier miteinander trinken."

Theoretisch wissen wir es ja längst: Konstruktives, negatives Feedback richtet sich immer nur gegen das Verhalten, nie gegen die Person. So sollte es sein. Nur ist es ganz häufig nicht so und wir reagieren gekränkt, verletzt oder beleidigt, wenn uns ein Kollege ehrlich seine Meinung sagt.

Woher kommt das? Warum ist uns Harmonie und Von-allen-geliebt-Werden oft so dermaßen wichtig? Nun, für uns alle gab es einmal eine Zeit, in der das Geliebtwerden tatsächlich überlebenswichtig war: Als Säugling sind wir darauf angewiesen, Zuneigung von unseren Eltern zu bekommen – sonst könnten wir nicht überleben. Sie füttern, wärmen und schützen uns. Hier ist die Liebe, die Zuneigung also wirklich und im wahrsten Sinne des Wortes von existenzieller Bedeutung.

Dann wachsen wir heran und werden selbstständiger, wir lernen, für uns selbst zu sorgen. Nur ganz tief in uns drinnen, da ist oft noch dieser Rest vorhanden von jener existenziellen Bedeutung des „Hab mich lieb!". Ein Teil von uns glaubt noch nicht so recht daran, dass Liebe und Zuneigung anderer Menschen zwar angenehm sind, aber nicht mehr unbedingt so überlebenswichtig wie damals.

Und diesem Teil können wir auf die Sprünge helfen – wir können ihn lernen und erwachsen werden lassen.

Helfen Sie sich selbst, ein wenig unabhängiger von der Meinung und vom Urteil anderer zu werden. Werden Sie selbstbestimmter, wägen Sie ab, von wem Sie wirklich geliebt werden wollen, von wem es schön wäre, gemocht zu werden – und auf wessen Zuneigung Sie eigentlich gar keinen Wert legen.

Ja, auch hier haben Sie nämlich die Wahl. Stellen Sie sich doch einmal die Frage: Wer darf Sie mögen, wer hat es verdient, auf wessen Zuneigung, Urteil, Wertschätzung legen Sie wirklich Wert?

Ihre Frau sollte Sie lieben, Ihre Kinder lieben Sie, gute Freunde können Sie lieben. Bei Bekannten und Kollegen ist es schön, wenn die Sie mögen und respektvoll behandeln. Kollegen sind aber *nur* Kollegen – mit denen sollten Sie gut zusammenarbeiten können, die müssen Sie aber nicht lieben. Auch Ihren Chef müssen Sie nicht lieben, den sollten Sie respektieren und bestenfalls mögen.

Glauben Sie mir: Es entlastet Sie ungeheuer, wenn Sie nicht von allen geliebt werden wollen! Wenn Ihnen die Meinung von so manchem Zeitgenossen eigentlich völlig wurscht ist: „Der darf denken, was er will – mir ist's egal, ob der mich mag oder nicht!" Diese Haltung macht Sie unabhängig und selbstbestimmt.

Sie haben die Wahl! Sie können selbst entscheiden, auf wessen Zuneigung, Feedback und Meinung Sie Wert legen.

In meiner Coaching-Praxis erlebe ich sehr häufig Menschen, die zwischen zwei Extremen hin- und hergerissen sind: einerseits das absolute Harmoniebedürfnis (man könnte es manchmal durchaus schon „Harmoniesucht" nennen!) – ich muss es allen recht machen, alle müssen mich mögen; andererseits die große Angst, zum egozentrischen Scheusal zu werden, wenn ich anfange, es *nicht* allen recht machen zu wollen – wenn ich auch mal an mich denke, Grenzen ziehe, Nein sage. Beide Extreme sind ungesund und mächtig anstrengend! Es gibt zig Abstufungen dazwischen, viele Farben und Facetten.

Viele von uns haben es nie wirklich ausprobiert, was passiert, wenn wir einmal Nein sagen. Die Angst davor, dass sich alle von uns abwenden, uns niemand mehr mag, ist einfach zu groß. Das Problem dabei ist aber: Wenn wir nie einen Reality-Check machen – woher wollen wir wissen, wie unser Gegenüber wirklich reagiert? Woher wollen wir wissen, ob er auf mein „Nein, tut mir leid, ich möchte das nicht tun" nicht vielleicht ganz locker reagiert? Vielleicht zuckt er ja nur mit den Schultern, sagt: „O. k., dann frag ich den Peter!", und hat das Ganze zwei Tage später vergessen.

Probieren Sie es aus! Sie werden sehen: Sehr viele der großen schwarzen Ungeheuer („Keiner mag mich mehr!" – „Alle halte mich jetzt für einen großen Egoisten!") entpuppen sich, wenn Sie es wirklich einmal ausprobieren, als harmlose Gestalten. Viel weniger Menschen als befürchtet kreiden es Ihnen an, wenn Sie klare Grenzen ziehen, Nein sagen oder sich nicht alles gefallen lassen.

Und noch etwas: Wenn Sie beginnen, ein gutes Gefühl für Ihre eigenen Bedürfnisse zu entwickeln, wenn Sie gut auf sich achten und mit dieser Achtsamkeit dann einmal Nein sagen und Ihr Gegenüber ist sofort erzürnt oder beleidigt: Überlegen Sie doch einmal, was das für Sie bedeuten könnte. Wie fühlt es sich an, wenn Sie sofort erschrocken denken: „Oh je, jetzt habe ich einen Fehler gemacht, ich egoistische Kuh. Wie kann ich das jetzt wieder gut machen?"? Und wie fühlt es sich an, wenn Sie denken „Hmm, ich habe gute Gründe für mein Nein und ich kann eigentlich erwarten, dass ich damit auf Verständnis stoße – so selten wie ich das mache"?

Achten und respektieren Ihre Mitmenschen Sie und Ihre Bedürfnisse in angemessener Form? Bringen sie Ihnen Verständnis und Respekt entgegen? Können sie ein Nein akzeptieren? Oder sehen sie in Ihnen lediglich die allzeit bereite, selbstlose Hilfe in allen Lebenslagen? Den Notnagel und Feuerlöscher, wenn's mal brennt? Den seelischen Mülleimer beim nächsten Liebeskummer? Denken Sie mal darüber nach.

Auf den Punkt gebracht

▸ Chefs sind auch nur Menschen – behandeln Sie sie auch so. Reden Sie mit Ihnen – sie werden es Ihnen danken!

▸ Wenn Kollegen nur manchmal nerven – einfach auf Durchzug schalten. Auch sie haben mal einen schlechten Tag. Wenn es anstrengender wird: Trauen Sie sich, offenes und ehrliches Feedback zu geben.

▸ Schwierige Kunden können wunderbare Lernpartner sein – sehen Sie es doch mal so! Und zu schwierige Kunden dürfen Sie auch loslassen. Nehmen Sie sich das Recht heraus, tolle Kunden zu haben!

Pack ich's noch?

Helga, 48 Jahre, seit 20 Jahren Webdesignerin, Coaching-Klientin:

„Früher hat mir gesunder Wettbewerb Spaß gemacht: Ich war ehrgeizig, kannte meine Stärken und fand es klasse, mich mit anderen Guten meiner Branche zu messen. Durch diese Freude an meiner Arbeit und meinen Kampfgeist habe ich so manchen Wettbewerb gewonnen und so manchen Auftrag an Land gezogen.

Seit ein paar Jahren aber wird es immer schwieriger für mich: Die Jungen überholen mich, arbeiten mit neuestem Know-how zu absoluten Dumpingpreisen. Die Branche ändert sich in rasender Geschwindigkeit, ständig gibt es neue Techniken. Ich schlafe schlecht, hatte bereits zwei Hörstürze und ärgere mich über mich selbst, weil ich mir manchmal einfach gar nichts mehr zutraue."

Kennen Sie das? Dieses sich leise einschleichende Gefühl von „Pack ich das noch?". Diese Sorge, allmählich dem Arbeitsalltag und seinen Herausforderungen nicht mehr gewachsen zu sein?

Vielleicht kennen Sie diese Gedanken nicht explizit, sondern Sie merken einfach, dass es schwieriger wird? Dass Ihnen die Arbeit nicht mehr so leicht und freudig von der Hand geht wie früher? Dass Sie erschöpft sind, eine ständige Unruhe in sich spüren, sich mehr Sorgen machen als früher und zusehends an sich und Ihren Fähigkeiten zweifeln?

Stopp! Sie müssen sich diesen Gefühlen nicht ohnmächtig ausliefern. Wichtig ist, dass Sie diese unangenehmen Gedanken und Gefühle erst einmal wirklich zulassen und sich ihnen mutig stellen. Schauen Sie genau hin, es liegen viele neue Chancen darin versteckt.

Angst vor dem Älterwerden – wann gehör ich zum alten Eisen?

So wie der gerade erwähnten Helga geht es vielen Menschen mittleren Alters, Angestellten und Selbstständigen, Männern und Frauen. Plötzlich erobert die nächste Generation die Geschäftswelt, die Jungen rücken nach. Sie sind erfolgreich, haben scheinbar mühelos einen Erfolg nach dem anderen, bringen frischen Wind in die Büros.

Die Jungen sind leistungsfähiger, frischer, frecher – sie bringen modernes Wissen und neueste Erkenntnisse von der Uni mit. Die neue Generation tritt oft enorm selbstbewusst auf, sie ist aufgewachsen mit „Eigenlob stimmt!" statt mit „Immer hübsch bescheiden bleiben". Sie versteht es, sich ins rechte Licht zu rücken, ihre Stärken zu präsentieren. Scheinbar ohne Anstrengung, mit jugendlichem Elan und viel Energie preschen sie vor und scheinen uns in Windeseile überholt zu haben.

Das kann Angst machen. Schnell vergleiche ich mich mit ihnen und meine, dass ich da nicht mehr mithalten kann. Ich befürchte, dass mein Wissen nicht mehr auf dem neuesten Stand ist, dass inzwischen andere Stärken als die meinen zählen – Jugend ist in so vielen Bereichen des öffentlichen Lebens *das* Gütesiegel schlechthin.

Das (vermeintliche) Problem wird noch größer dadurch, dass Sie mit zunehmender Angst den gesunden Blick für die Realität verlieren. Dann beginnt dieser kleine fiese Mechanismus namens Selffulfilling Prophecy zu greifen: Je mehr Sie sich auf die Vorstellung, bald zum alten Eisen zu gehören und nicht mehr gebraucht zu werden, fokussieren, desto häufiger finden Sie automatisch auch Anzeichen dafür. Selektive Wahrnehmung oder auch Scheuklappen sind dann Ihre Begleiter: Sie nehmen nur noch wahr, dass Ihr jüngerer Kollege die Antwort auf ein drängendes Problem schneller im Internet recherchiert und dafür gelobt wird. Sie hören gar nicht mehr die anerkennenden Worte Ihres Chefs, weil Sie aufgrund Ihrer langjährigen Erfahrung den Kunden beruhigen konnten. Sie sehen nur noch, dass Ihre hübsche junge Kollegin bewundernde Blicke von den Mitarbeitern erntet, und realisieren nicht, dass genau diese junge Kollegin nicht von Ihrer Seite weicht, weil sie viel von Ihnen lernen möchte.

Hier ein paar Ideen, um diesen Teufelskreis zu unterbrechen:

Reality-Check – weg mit den Scheuklappen

▸ Jung bedeutet nicht automatisch besser!

▸ Jung ist völlig wertfrei einfach erst einmal: jünger als Sie.

▸ Bringt der junge Kollege allein durch seine Jugend einen Mehrwert in die Arbeit ein?

▸ Wenn die Qualifikation dieses Jüngeren moderner, aktueller und vielleicht sogar besser ist: Wählen Sie doch statt Missgunst und Angst den anderen Weg: Lernen Sie dazu! Seien Sie neugierig auf die neuen Erkenntnisse – seien Sie souverän und lassen Sie sich das eine oder andere von Ihrem Kollegen erklären.

▸ Ihre langjährige Erfahrung ist genauso wichtig – die perfekte Ergänzung zum modernen Know-how. Seien Sie sich dessen stets bewusst – machen Sie sich eine lange Liste Ihrer Stärken, Erfahrungen und Kenntnisse.

▸ Lernen Sie, ohne Scheuklappen zu sehen, wo der Jüngere punktet und wo Sie als Erfahrener punkten. Sie können Dinge bieten, von denen der Jüngere keine Ahnung hat – und der Jüngere hat vielleicht die verrückteren Ideen, mit denen ein Projekt den Quantensprung machen kann.

▸ Seien Sie ehrlich: Müssen Sie eigentlich noch jede Mode mitmachen? Müssen Sie unbedingt auf dem neuesten Stand, modern und hipp sein? Oder ist das vielleicht gar nicht erforderlich, wird von Ihnen nicht erwartet und wäre nur ungemein anstrengend?

Dem Jugendwahn zum Trotz reift in der freien Wirtschaft immer mehr die Erkenntnis, dass es ohne die Älteren nicht funktionieren kann. Business Angels – ehemalige Geschäftsleute in Rente – unterstützen junge Firmengründer. In etlichen Firmen gibt es inzwischen eine Quote für über 50-Jährige. Das BMW-Werk in Leipzig zum Beispiel hat schon beim Werksaufbau gezielt darauf geachtet, auch ältere Mitarbeiter einzustellen. Jüngere und Ältere, Männer und Frauen – so kommen unterschiedliche Potenziale zusammen und können sich hervorragend ergänzen.

Auf den Ältestenrat hört man – und nicht umsonst heißt er nicht „Rat der Jugend". In sehr vielen Kulturen und zu allen Zeiten wurde auf die Weisheit und das Wissen der Alten gehört – die Jungen mussten erst lernen.

Ich bin ja Coach und Trainerin – und gerade in diesem Beruf kann ich nur davon profitieren, keine 20 mehr zu sein. Wer würde mir mit Mitte 20 genügend eigene Lebenserfahrung zutrauen, um mich in die Themen anderer hineinversetzen zu können? Von einem Jungspund lässt sich kaum ein Coaching-Klient wirklich etwas sagen. Meine Tipps und Ideen nehmen mir meine Klienten ab – ich weiß, wovon ich rede, wenn ich von gemeisterten Krisen, von Unsicherheiten und daraus gewonnener Stärke rede.

Und auch als Trainerin ist es von Vorteil – so bin ich so etwas wie die „Seminar-Mama", eine Respektsperson mit der richtigen Mischung aus Nähe und Distanz. Ich bin das sehr gerne! Ich bin eben nicht „eine von ihnen", was hier durchaus sehr positiv ankommt.

Paul Keller (1873–1932), deutscher Schriftsteller:

„Alte Leute fragen nicht mehr; mit stillen Augen sehen sie die Herbstsonne. Was sie begehren, ist ‚noch ein schönes Bild', sonst nichts mehr. Ich glaube, sie sind leidloser als Jugend und Mannesalter, und Abend und Herbst sind nicht zu fürchten, weil sie voller Frieden sind. Was brennende Straße war, ist Rückschau von klarer, kühler Höhe geworden."

Und noch etwas verrate ich Ihnen: Ich bin eigentlich insgesamt – also nicht nur in meinem Beruf – gerne Mitte 40 und nicht mehr Mitte 20. Sicher, mit 20 war ich knackiger, die Haut war straffer, es gab weniger Fältchen und weniger graue Strähnen. Aber ich war auch sehr viel unsicherer, mir meiner selbst noch lang nicht so bewusst wie heute. Damals wollte ich es vielmehr allen recht machen, drehte mich oft wie ein Fähnchen im Winde, hatte seltener eine dezidierte eigene Meinung – wollte gefallen. Puh, das kann ziemlich anstrengend sein!

Ein riesengroßer Vorteil meines jetzigen Alters ist meines Erachtens eines: Gelassenheit! Ich bin sehr viel gelassener als früher, ich muss es mir und der Welt nicht mehr so sehr beweisen. Ich weiß, wer ich bin und was ich will … und was ich nicht will. Und das wusste ich mit 20 noch nicht.

Und schauen Sie sich doch um im öffentlichen Leben, wie viele tolle „nicht mehr ganz so Junge" es gibt: Schauspielerinnen wie Senta Berger oder Hannelore Elsner; auch Richard Gere ist doch heute deutlich attraktiver als vor 20 Jahren, oder was meinen Sie, meine Damen? Große Politiker wie Weizsäcker oder Helmut Schmidt, Schriftsteller, Musiker usw.

Lassen Sie sich nicht verrückt machen! Spielen Sie das Spiel mit dem Jugendwahn einfach nicht mit, kontern Sie mit Ihrer Lebenserfahrung, Klugheit und Gelassenheit.

So abgedroschen es klingen mag: Jedes Alter hat seine Sternstunden, seine Highlights und seine unverwechselbaren Vorzüge. Jedes! Nicht nur die Zeit um 20 herum. Weiten Sie Ihren Blick, seien Sie stolz auf das Erreichte und achten Sie im Job darauf, gerade damit besonders punkten zu können. Ihre jüngeren Kollegen mögen moderneres Wissen mitbringen, vielleicht denken sie auch innovativer und zeitgemäßer. Das ist oft wichtig und wertvoll. Sie können damit aber keine 20 oder 30 Jahre Berufserfahrung wettmachen, sie haben vielleicht noch nicht Ihr ausgeprägtes Fingerspitzengefühl im Umgang mit schwierigen Kunden etc.

Und wenn Ihnen jemand blöd kommt mit spitzen oder herablassenden Bemerkungen über Ihr Alter: Stehen Sie drüber, lächeln Sie mitleidig und sagen Sie: „Nur kein Neid, junger Mann!" Sehen Sie es dem Jungvolk nach.

Angst vor Veränderung: Hat mich jemand gefragt?

Marietta, 52 Jahre, seit 24 Jahren Erzieherin, Seminarteilnehmerin:

„Seit vor ein paar Jahren dieser neue Bildungs- und Erziehungsplan (BEP) herausgekommen ist, hat sich in Kitas vieles zum Nachteil geändert. Wir müssen uns plötzlich mit viel mehr Bürokratie herumschlagen und die Art und Weise, wie wir jahrzehntelang mit den Kindern umgegangen sind, genügt plötzlich nicht mehr. Heutzutage brauchen die Kinder naturwissenschaftliche Frühförderung und Englischunterricht. Außerdem werden wir immer mehr zum Dienstleister oder Erfüllungsgehilfen für die Eltern. Und keiner hat gefragt, wie wir Fachleute das eigentlich finden. Da wurde viel am Reißbrett entwickelt von Menschen, die keine Ahnung vom Kindergartenalltag haben. Und wir müssen damit jetzt zurechtkommen – uns bleibt nichts anderes übrig."

Früher ging es gemächlicher zu. Unsere Väter und Mütter wussten meist nach ihrer Ausbildung, dass sie in diesem Beruf für die nächsten 40 Jahre bleiben werden. Gut, das hatte sicherlich auch seine Nachteile – Langeweile, Stagnation und täglich grüßt das Murmeltier.

Aber ein riesengroßer Vorteil war offensichtlich: Sicherheit! Diese Generation konnte sich in der Regel ihrer Jobs sicher sein, die Wirtschaft lief in ruhigeren Bahnen und es gab weder große Ausschläge nach oben noch solche nach unten. Nur selten wurden Kündigungen ausgesprochen, da musste schon jemand das Tafelsilber gestohlen haben. Firmen hatten oft eine lange Tradition, standen sicher und solvent da, zum Beispiel die Banken. Das war noch vor dem Bankenskandal. Vieles war sicherer als heute, vieles war bewährt und bekannt.

Und das mögen wir einfach – so, wie damals schon Herr und Frau Neandertal: Wir schätzen das Bekannte und wir sind erst einmal auf der Hut vor Unbekanntem. Schließlich könnte das Unbekannte der fremde Säbelzahntiger sein, der uns schwuppdiwupp auffrisst. Das, was wir kennen, gibt uns Sicherheit – das, was wir nicht kennen, macht uns erst einmal unsicher.

Natürlich gibt es viele Menschen, die das Unbekannte lieben, die Gefahr als Herausforderung sehen und die nichts furchtbarer finden als das Altbekannte, als die eingefahrenen Bahnen. Meine Freundin fände es völlig abstrus, zweimal an denselben Urlaubsort zu fahren. Sie braucht ständig neue Impulse, will viel kennenlernen. Mir hingegen kann es passieren, dass ich schon zum dritten Mal nicht aus dem einen kleinen Dorf auf der griechischen Insel herauskomme, weil das Café am Marktplatz gar so bezaubernd ist und ich dort gerne stundenlang immer wieder die gleichen Menschen beobachte.

Es gibt also Menschen, die brauchen Veränderung, die hassen Stillstand und Stagnation. Das ist dann ihre bewusste Entscheidung, ihr Lebensentwurf. Und das ist dann auch in Ordnung so.

Aber ganz tief in uns drinnen, quasi in unseren Genen, ist auch noch das Alte verankert – bei Unbekanntem sei auf der Hut, nimm dich in Acht, sei vorsichtig!

Veränderung versetzt uns also mehr oder weniger latent in Unruhe. Wir müssen uns umstellen, zurechtkommen mit dem Unbekannten, uns und unsere Welt neu (ein)ordnen.

Wenn wir uns bewusst für eine Veränderung entschieden haben, weil wir zum Beispiel den Job wechseln oder in eine andere Stadt ziehen wollen – dann setzt diese Veränderung *positive* Energie in uns frei: Wir sprudeln über vor neuen Ideen, wir planen, organisieren, sind lebendig und voller Vorfreude. So kann Veränderung großen Spaß machen.

Was aber ist, wenn die Veränderung unfreiwillig kommt? Wenn uns keiner gefragt hat, ob wir diese Veränderung wollen? Wenn wir vor vollendete Tatsachen gestellt werden? Wenn unsere Firma plötzlich pleitegeht und wir Mitarbeiter auf der Straße stehen? Wenn unser Unternehmen mit einem anderen fusioniert und wir plötzlich eine völlig andere Firmenkultur haben? Manchmal reicht es ja schon, dass wir im Büro ein neues Computersystem bekommen oder die Abteilungen neu aufgeteilt werden.

Da findet sich weit und breit keinerlei positive Energie oder neugierige Vorfreude. Wir werden nervös und unruhig. Wir schlafen schlechter und machen uns viele dunkle Gedanken. Und irgendwie kriecht uns langsam und unaufhaltsam die Angst den Nacken hoch. Was dann?

Als Erstes möchte ich Ihnen sehr eindringlich ans Herz legen: Ihre Unruhe, Ihre dunklen Gedanken, Ihre Angst – das ist völlig normal! Denken Sie an Herrn und Frau Neandertal und den fremden Säbelzahntiger. Wenn Sie unfreiwillig mit Veränderungen konfrontiert werden, dürfen Sie erst einmal Angst haben. Ihr System wird erst einmal ordentlich durcheinandergewirbelt, Ihre innere Ordnung gerät aus den Fugen – Sie kommen sich vielleicht so vor, als ob Sie wieder lesen, schreiben und Fahrrad fahren lernen müssen. Das macht keinen Spaß, ist anstrengend und macht Angst. Das ist einfach so.

Erlauben Sie sich dieses Gefühl erst einmal. Und lassen Sie sich das von den ach so Innovativen nicht ausreden, die mit Parolen wie „Neue Besen kehren besser" oder „Stillstand ist Rückschritt" um sich werfen. Die finden das Neue spannend und toll – Sie nicht. Beides hat seine Berechtigung und will wertgeschätzt werden.

Nehmen Sie sich ernst mit Ihren Ängsten. Das heißt nicht, dass Sie ertrinken sollen in Angst und Selbstmitleid, dass Sie sich ohnmächtig in den Strudel hinabziehen lassen sollen. Aber bevor Sie etwas tun können, müssen Sie sich erst einmal ernst nehmen mit Ihrer Angst. Die ist jetzt da und hat auch im Moment ihre Daseinsberechtigung.

Und allmählich können Sie dann anfangen, Strategien zu entwickeln, wie Sie mit der Veränderung besser zurechtkommen können. Hier gilt wieder einmal die Faustregel: Wenn Sie an den Umständen, also hier an der Veränderung, nichts mehr drehen können, dann ändern Sie Ihre innere Haltung dazu. Verändern Sie Ihre Sicht auf die Dinge, Ihre Perspektive.

Was könnte an der Veränderung gut sein für Sie? Welchen Vorteil könnte die Veränderung vielleicht bringen? Denken Sie da ruhig auch ein wenig um die Ecke und finden Sie Ideen, die vielleicht nicht gleich auf der Hand liegen, zum Beispiel:

▸ Die Einarbeitung in das neue Computersystem könnte zum Beispiel Anlass dazu sein, sich auch zu Hause endlich mal einen PC anzuschaffen. Dann können Sie Ihren alten Traum wieder zum Leben erwecken und ein Buch schreiben.

▸ Die neue Zusammenarbeit mit den jungen Kollegen kann interessante neue Impulse bringen und Ihren Horizont erweitern.

▸ Durch die neuen Öffnungszeiten Ihres Betriebs können Sie vielleicht endlich mal wieder vormittags zum Yoga gehen statt in den stets überfüllten Abendstunden.

Auch Marietta, die anfangs zitierte Erzieherin, konnte durch einen gelungenen Perspektivenwechsel der Veränderung etliche gute Seiten abgewinnen. Nachdem sie ihre massive innere Abwehr gegenüber dem BEP abgelegt hatte, setzte sie sich intensiv mit den Inhalten auseinander und bemerkte, dass sich gar nicht so viel verändert: Vieles hat jetzt einfach einen anderen, moderneren Namen – faktisch haben sie das in den Kindergärten aber immer schon so gemacht. Früher hieß es eben „Spielen mit Zahlen" oder „Experimentieren mit Wasser und Luft", heute ist das die naturwissenschaftliche Frühförderung. Sie lässt sich auch nicht mehr zum Erfüllungsgehilfen der Eltern machen, sondern hat zu neuer Stärke und Gelassenheit gefunden: Sie fordert mehr von den Eltern, widerspricht auch mal selbstbewusst und hat somit zurück zu ihrer Position als erfahrene Expertin in Sachen Kindererziehung gefunden.

Ziehen Sie sich aus den Veränderungen genau das heraus, was für Sie von Vorteil sein kann. Machen Sie das Beste daraus – werden Sie aktiv und treffen Sie Entscheidungen. Dann sind Sie nicht mehr ohnmächtiger Spielball und fühlen sich nicht mehr ausgeliefert.

Bin ich noch gut genug? Wenn die anderen mich überholen

Bisher hat es eigentlich gereicht. Sie sind gut ausgebildet, haben viele Jahre Berufserfahrung und damit ein gerüttelt Maß an Professionalität. Sie können gut mit den Kunden, sind Termindruck und Stress gewöhnt – alles prima.

Doch unmerklich schleicht sich ein beklemmendes Gefühl ein, das immer stärker wird: Bin ich noch gut genug? Diese Frage, ob Sie gut genug sind, haben Sie sich vielleicht vor Jahren oder Jahrzehnten das letzte Mal gestellt, ganz am Anfang Ihrer Karriere. Was ist passiert, dass diese Frage jetzt plötzlich wieder auftaucht?

▸ Ihre Kollegin erzählt zurzeit immer sehr ausführlich und begeistert von ihren Fortbildungen und davon, wie interessant die ganzen Neuerungen in ihrem Bereich sind.

▸ Der neue Kollege ist zehn Jahre jünger und war die letzten Jahre in Amerika – da, wo die Topleute Ihrer Branche sitzen.

▸ Ihnen fällt es nicht mehr so leicht wie früher, mit voller Energie, konzentriert und doch gelassen ein Projekt zu Ende zu führen.

▸ Sie merken vielleicht sogar, dass Sie sich nicht mehr so sehr wie früher für Fachgespräche interessieren – Sie gehen in der Mittagspause lieber mit der „Gala" ins Café.

▸ Ein Kunde, der jahrelang hochzufrieden mit Ihrer Arbeit war, beschwert sich in letzter Zeit immer öfter über dieses oder jenes Detail.

▸ Der Urlaub reicht eigentlich nicht mehr so recht zum Erholen.

Kennen Sie das?

Dieses Gefühl ist nicht plötzlich einfach so da – erst flutscht es einfach nicht mehr so locker und dann schleicht sich dieser Störenfried langsam ein und lauert dann an den unpassendsten Stellen auf Sie.

Die erste positive Nachricht: Wenn Sie jetzt nicken und sich also dessen schon bewusst sind, dann haben Sie schon die halbe Miete. Denn Sie können bekannterweise ja nur etwas verändern, was Ihnen auch bewusst und klar ist. Also: Glückwunsch! Was können Sie also machen? Als erstes unbedingt mal wieder einen …

Reality-Check

Sie glauben, Sie sind nicht mehr so gut. Glauben Sie das nur oder ist das wirklich so? Das sollten Sie sich unbedingt als Erstes beantworten. Schauen Sie genau hin.

▸ Kritisiert Sie Ihr Lieblingskunde wirklich *mehr* als früher? Und kritisiert er Sie deshalb, weil Ihre Leistungen nachlassen? Oder sucht er nur nach Wegen, Budget zu sparen? Oder wird er vielleicht allmählich übermütig oder raffgierig, weil Sie ihm zu lange mit Konzessionen entgegengekommen sind?

▸ Die Fortbildungen Ihrer Kollegin – sind das wirklich welche, die auch *Sie* brauchen könnten? Oder ist das einfach ein spezielles Steckenpferd der Frau, die zudem einen ganz anderen Bereich betreut als Sie?

▸ Hat Ihr junger Kollege wirklich besseres Know-how aus Amerika mitgebracht, das ihm jetzt nützt? Oder hat er in Amerika vielleicht nur zwei Jahre gejobbt und das Leben genossen? Oder reicht es vielleicht völlig, wenn einer von Ihnen dieses Know-how besitzt? Er hat es – dann brauchen Sie es nicht auch noch.

▸ Bringen Sie die Fachgespräche in der Mittagspause wirklich weiter? Oder machen sich da Kollegen eigentlich nur wichtig und tun so, als ob es nichts anderes in ihrem Leben gibt? Vielleicht beneiden sie Sie sogar ein wenig darum, dass Sie sich ausklinken und der „Gala" den Vorzug geben?

▸ Lassen Ihre Kräfte wirklich nach? Oder sind einfach die Projekte deutlich komplexer und anstrengender als früher? Machen Sie wirklich schneller schlapp oder sind Sie aufgrund Ihres Expertentums und Ihrer großen Erfahrung einfach eingespannter als früher?

Wenn Sie diese komischen Gedanken dem Reality-Check unterzogen und die Nonsens-Gedanken rausgeworfen haben, dann beschäftigen wir uns jetzt mit den übrig gebliebenen, „richtigen" Überlegungen.

Besser werden – oder reicht es so, wie es ist? Entscheiden Sie sich!

Ich weiß, ich wiederhole mich – und in diesem Punkt immer wieder gerne: Sie haben die Wahl!

Wenn Sie schneller erschöpft sind, nicht mehr so viel durch- und aushalten, ist das vielleicht ein Zeichen dafür, dass Sie besser auf sich aufpassen müssen. Vorzeichen eines Burn-outs? Anzeichen von jahrelangem Bis-an-die-Grenzen-und-gern-mal-darüber-Gehen? Anzeichen dafür, dass Sie viel zu lange Raubbau mit Ihren Kräften betrieben haben?

Na dann – nehmen Sie sich diese Anzeichen zu Herzen. Ändern Sie etwas. Machen Sie mehr Pausen, organisieren Sie Ihre Arbeit um, delegieren Sie mehr, überdenken Sie Ihren Anspruch an Perfektion oder übernehmen Sie andere Aufgaben mehr im Hintergrund. Machen Sie sich klar, dass Sie nicht mehr in der ersten Reihe mitmischen müssen. Kann das vielleicht ein erleichternder Gedanke für Sie sein? Vielleicht haben Sie sich und den anderen lange genug bewiesen, dass Sie es draufhaben – und jetzt ist etwas anderes dran?

Oder sind Sie deshalb schneller erschöpft, weil Sie die Routine zu nerven und anzustrengen beginnt? O. k., dann ändern Sie was. Verlassen Sie die ausgetrampelten Routinewege, betreten Sie Neuland. Das muss ja nicht gleich die 180-Grad-Wendung sein hin zu einem völlig neuen Job – eine kleine Veränderung kann schon reichen: Sprechen Sie mit Ihrem Chef darüber, vielleicht findet sich in einem anderen Projekt eine interessante Aufgabe für Sie? Oder Sie haben Ideen für völlig neue Projekte? Oder aber Sie lassen den Job so, wie er ist, und fangen nebenbei als Ausgleich endlich mal an, Russisch oder Kochen oder Fallschirmspringen zu lernen? Hauptsache, raus aus der lähmenden Routine.

Der plötzlich nervende und nörgelnde Kunde – reden Sie mit ihm! Schildern Sie ihm Ihre Beobachtungen und fragen Sie, was er sich wünscht. Achten Sie darauf, dass das Gespräch wertschätzend und konstruktiv bleibt. Dann wird er Ihnen seine Wünsche und Vorstellungen schildern – und dann können Sie entscheiden: Ja, er hat recht, ich ändere das. Oder aber: Nein, ich hab alles richtig gemacht, der ist gerade einfach schlecht drauf. Vielleicht können Sie ihn dann auf andere Art und Weise unterstützen. Manchmal reicht schon ein wenig Mitgefühl, ein offenes Ohr und Verständnis für die Sorgen des anderen. Dann haben Sie auch etwas getan, Ihrem Kunden geht's besser und Sie müssen trotzdem an Ihrer Arbeit nichts ändern.

Wollen Sie nun eine Fortbildung machen oder nicht? Machen Sie sie nur, wenn Sie es wirklich wollen und es Ihnen sinnvoll erscheint bzw. wirklich etwas bringt. Fortbildung bedeutet Investition von Geld, Zeit und Engagement – und das will wohlüberlegt sein.

Wenn Sie schon lange nichts mehr für Ihre Fortbildung getan haben und Sie richtig Lust darauf haben, wenn Sie das Thema enorm reizt und es eine perfekte Ergänzung zu Ihrem Portfolio darstellt, wenn Sie die Fortbildung einigermaßen stressfrei in Ihren Alltag integrieren können und der Organisationsaufwand im Rahmen bleibt, wenn Sie genügend Informationen über die Seriosität des Angebots eingeholt haben – dann stürzen Sie sich ins Abenteuer und genießen Sie die neuen Impulse!

Wenn Sie die Fortbildung nur machen wollen, weil die Kollegin das auch gemacht hat, wenn Sie nur glauben, dass Ihr Chef das gut fände, ohne ihn wirklich gefragt zu haben, wenn Ihnen Ihre Wochenenden eigentlich heilig sind und Sie diese jetzt für drei Jahre vergessen können – Vergessen Sie es und sparen Sie das Geld und die Energie. Stecken Sie beides lieber in ein ausgiebiges Shopping, in Ihre Hobbys oder in ein bequemes Antistresssofa.

Angst vor Termindruck und Überforderung

Wir sprachen im Kapitel über Veränderungen schon darüber, dass unsere Zeit immer hektischer, schnelllebiger und unsteter wird – sowohl Angestellte als auch Selbstständige merken das.

▸ Für ausführliche und tief greifende Projekte ist oft weder Zeit noch Geld da – die Geschäftsführung will schneller Ergebnisse sehen, andernfalls wird das Projekt ganz schnell jemand anderem übergeben.

▸ Der Kunde begreift einfach nicht, dass eine professionell erstellte Website ihre Zeit braucht, und möchte am liebsten in einer Woche online gehen.

▸ Teams haben inzwischen nicht mehr nur an jedem ersten Montag des Monats Sitzung, sondern mehrmals in der Woche und dazwischen gibt es noch die Telefonkonferenzen mit den außereuropäischen Tochterfirmen. Ganz zu schweigen von den 50–100 E-Mails am Tag.

▶ Viele Aufgaben können wir nicht mehr nacheinander
  erledigen, sondern wir müssen multitaskingfähig sein
  und alles gleichzeitig unter Kontrolle haben.

Übrigens sei am Rande bemerkt: Der Mythos Multitasking-
fähigkeit hat sich inzwischen erledigt. Laut einer Studie der
Palo Alto University in Kalifornien leidet beim Multitasking –
wenn wir also mehrere Aufgaben gleichzeitig erledigen –
die Fähigkeit, Wichtiges von Unwichtigem zu unterscheiden. Wir sind dann nicht mehr in der Lage, unwichtige
Details aus dem Informationsfluss auszusondern und entscheidende Details im Gedächtnis abzuspeichern. Zwei
Handlungen nebeneinander funktionieren zwar bis zu
einem gewissen Grad (Bügeln und Fernsehen). Was aber
nicht funktioniert: bei zwei voneinander unabhängigen
Aufgaben gleichzeitig Entscheidungen zu treffen.

Schneller, höher, weiter … und wir fühlen uns atemlos und
gehetzt. Wir sind unzufrieden mit unserer Leistung, weil
wir eigentlich Besseres von uns gewöhnt sind. Weil wir
nicht mehr die Zeit und die Ruhe haben, unsere Arbeit
wirklich gut und vollständig zu erledigen. Weil uns die Zeit
für wirkliche Kreativität schlichtweg fehlt – wir dürfen nicht
mehr auf die Inspiration und den kreativen Funken warten,
sondern müssen schnell Ergebnisse liefern.

Das echte Abschalten und Runterfahren fällt uns immer
schwerer. Wir nehmen gedanklich unsere Arbeit mit nach
Hause und auch im Schlaf verfolgt sie uns oft noch. Nervo-
sität, Konzentrationsschwäche, Schlaflosigkeit und andere
psychosomatische Beschwerden häufen sich.

Immer schneller und hektischer – müssen wir das wirklich
mitmachen? Ich behaupte: Nein, das müssen wir nicht.

Sicher, wir müssen uns bis zu einem gewissen Grad an das höhere Tempo gewöhnen und anpassen. Sonst sind wir schnell abgemeldet und diejenigen, denen es weniger ausmacht und die schneller getaktet sind, überholen uns.

Manchmal kann ein hohes Tempo ja auch richtig Spaß machen. Vielleicht kennen Sie ja auch solche Tage: Mehrere Termine, etliches, an das ich denken muss, E-Mails und Telefonate – und trotzdem komme ich noch zum Einkaufen und lese nachmittags entspannt und in Ruhe meine Zeitung beim Kaffee. Und abends gehe ich zufrieden und erfüllt ins Bett, ich weiß: Heute flutschte es nur so, ich bin zu Hochtouren aufgelaufen und habe alles geschafft.

Bei schnellem Tempo wird Adrenalin ausgeschüttet, das uns pusht und leistungsfähiger sein lässt – wir sind konzentriert und voll bei der Sache. Und das macht Spaß und bringt uns in den berühmten Flow-Zustand, in dem wir Raum und Zeit vergessen und völlig im Augenblick aufgehen.

So weit, so gut. Nur, was tun wir, wenn es *zu* schnell wird, *zu* hektisch? Wenn uns das unter Stress setzt, wenn unsere Leistungsfähigkeit und unsere Freude an der Arbeit massiv abnehmen? Hier einige Tipps dazu:

Wege raus aus der Tempofalle

▸ Feste Zeiten für die E-Mails statt ständiges Störfeuer!
  Sie können konzentrierter und deutlich effektiver mit Ihren E-Mails umgehen, wenn Sie sich zwei- oder dreimal am Tag dafür feste Zeiten einräumen und die E-Mails im Block bearbeiten. Das gilt ganz generell: Für ähnliche Aufgaben lieber einen festen Zeitraum festlegen und sie am Stück erledigen, statt ständig wieder neu anzu-

fangen, sich neu konzentrieren zu müssen und wieder herausgerissen zu werden. Besser 1 × 40 Minuten als 20 × 2 Minuten.

▸ Wägen Sie immer ab: Bringt die Eile wirklich was?
Manchmal lohnt schnelles Vorgehen: Wenn ich zügig mein Konzept fertig schreibe, habe ich danach mehr Muße und den Kopf frei für den interessanten Artikel in der Zeitung. Wenn ich mich mit dem Angebot beeile, dann schaffe ich es noch rechtzeitig ins Kino. Manchmal bringen aber Eile und Hektik schlichtweg nichts: Der PS-Rambo, der mich halsbrecherisch auf der Landstraße überholt, steht in der nächsten Ortschaft doch wieder vor mir an der roten Ampel. Wenn ich zu eilig meine Präsentation in Powerpoint tippe, schleichen sich schnell Flüchtigkeitsfehler ein.

▸ Fünf Minuten mehr sind immer drin!
Wir meinen oft, mit andauerndem Megatempo unglaublich viel Zeit sparen zu können. Das ist Quatsch! Es wurde einmal ein Versuch mit zwei Autofahrern gemacht: Beide sollten eine längere Strecke von A nach B fahren. Der eine bekam den Weg erklärt und sollte in gewohntem Tempo mit den gewohnten Pausen dazwischen fahren. Der andere wurde damit beauftragt, so schnell wie möglich ans Ziel zu kommen, möglichst viele Abkürzungen zu fahren und höchstens mal eine kurze Tankpause einzulegen. Fazit: Der Raser kam lediglich fünf Minuten früher am Ziel an – und hatte außerdem einen deutlich höheren Benzinverbrauch zu beklagen und mehr gesundheitsschädigende Stresshormone im Blut. Achten Sie also immer wieder darauf, für ein paar wenige Minuten das Tempo rauszunehmen. Wenn Ih-

nen am PC der Kopf raucht, muss es nicht gleich die halbstündige Kaffeepause sein – das kurze Recken und Strecken, der tiefe Atemzug mit geschlossenen Augen oder der kurze Blick aus dem Fenster reichen völlig. Oder Sie gehen die zwei U-Bahn-Stationen zu Fuß – das dauert unwesentlich länger und bringt Ihnen frische Luft und Bewegung.

▸ Was steckt dahinter – wozu das Mördertempo?
  Wenn alles andere nicht mehr hilft und Sie ums Verrecken nicht rauskommen aus der Tempofalle: Dann ist vielleicht einmal eine etwas tiefere und ehrliche Innenschau angesagt, entweder allein oder in Begleitung eines Freundes oder eines Coaches.

Die Erfahrung aus dem Coaching zeigt: Wenn wir über lange Zeit ein Problem oder ein Verhalten, das uns belastet, nicht loswerden, dann hat das seinen Grund. Wenn wir es immer und immer wieder auf die unterschiedlichsten Arten versuchen und es kehrt jedes Mal wieder zurück, dann ist uns der „versteckte Gewinn" noch nicht klar geworden: Ein Problem, das eisern an uns festhält, will uns etwas sagen – und das müssen wir kapieren, bevor es sich verabschieden kann. Klingt vielleicht seltsam vermenschlicht, ist aber so.

Ein Beispiel: Nehmen wir an, es fällt Ihnen schwer, unter Menschen zu gehen. Sie leiden darunter, weil Sie eigentlich gerne neue Freunde finden wollen – aber Sie trauen sich einfach nicht. Der versteckte Gewinn davon könnte Sicherheit und Schutz sein: Wer nicht unter Menschen geht, wird auch nicht enttäuscht oder verletzt. Jetzt könnten Sie sich überlegen, wie Sie den für Sie offensichtlichen Schutz und die Sicherheit erlangen können, *ohne* die Menschen zu meiden, auf welch anderem Weg Sie sich also den Gewinn verschaffen können.

Zurück zur Tempofalle: Wenn keine der bisherigen Maßnahmen gegen die Hektik und das ungesunde Tempo geholfen hat, dann fragen Sie sich doch mal ganz ehrlich: Was bringt mir dieses Tempo? Welcher Teil von mir hält da so fest? Die Antworten, die Sie da finden, werden Ihnen vielleicht nicht auf Anhieb gefallen. Es könnte ja zum Beispiel sein, dass Sie dadurch besonders beliebt in Ihrer Abteilung sind: „Der Meier, der schafft immer zehn Sachen gleichzeitig, die eiligen Dinge geben wir immer ihm." Das macht unersetzlich und streichelt das Ego. Oder aber dieses hohe Tempo und das Ständig-etwas-zu-tun-Haben hilft Ihnen, vor der inneren Leere fortzulaufen. Sie müssen nicht nachdenken, Sie müssen die Stille nicht ertragen mit all dem, was dann in Ihnen auftauchen könnte und vor dem Sie Angst haben.

Verstehen Sie mich richtig: Das machen Sie unter Umständen wirklich unbewusst – dadurch ist es für Sie nicht erreichbar und auch nicht zu ändern. Wenn Sie aber ehrlich in sich hineinschauen und vielleicht auf solch einen versteckten Gewinn stoßen, dann können Sie etwas tun! Vielleicht finden Ihre Kollegen Sie ja auch noch klasse, wenn Sie nicht ganz so sehr der Rasende Roland sind? Oder Sie haben noch viel mehr andere gute Eigenschaften, deretwegen Sie geschätzt werden? Oder aber es ist Ihnen eigentlich gar nicht so wichtig, dass alle Kollegen Sie so toll finden?

Und wenn Sie sich auf die Spur kommen, dass Sie eigentlich vor der inneren Leere weglaufen: Dann stellen Sie sich dieser Leere! Schauen Sie hin. Vielleicht taucht ja gar nicht so viel Schreckliches auf, wie Sie befürchten, wenn Sie „frei haben". Vielleicht ist es ja höchste Zeit, hier mit alten Ängsten und Verwundungen einmal gründlich aufzuräumen. Wenn Sie besser mit dieser Stille umgehen können, dann brauchen Sie sich auch nicht mehr ständig in die Hektik und in den Aktionismus zu flüchten.

Zum Schluss ein Aufruf zur Revolution: Gründen Sie dafür eine neue Partei, kreieren Sie eine neue Mode – haben Sie auf jeden Fall mehr Mut zur Langsamkeit. Es eilt nicht immer und überall. Die Welt dreht sich auch morgen noch. Sie verlieren nicht gleich den Auftrag, wenn Sie fünf Stunden später auf die E-Mail antworten. Man wird es Ihnen schon mal nachsehen, wenn Sie nicht im Schweinsgalopp zur U-Bahn rasen und deshalb zehn Minuten zu spät zum Meeting kommen.

Helmut, 38 Jahre, zweifacher Familienvater und Betriebsleiter eines Autohauses, Coaching-Klient:

„Als mein zweites Kind zur Welt kam, habe ich den Tempo- und den Allzeit-erreichbar-Wahnsinn nicht mehr mitgemacht, ich habe neue Prioritäten gesetzt. Ich habe meine Arbeit anders organisiert und beschlossen, dass ich an zwei Tagen in der Woche ohne Überstunden einfach ganz normal pünktlich um 17.30 Uhr den Betrieb verlassen möchte – und zwar mit ausgeschaltetem Firmenhandy. Die Aufregung war zuerst groß: ,Aber Chef, wenn was ist, wenn der wichtige Kunde XY Sie sprechen will, wenn in der Werkstatt etwas schiefläuft – wie können wir Sie dann erreichen?' Die wollten doch tatsächlich meine Privatnummer – nur für alle Fälle. Da bin ich hart geblieben. Es gibt einen Werkstattleiter, der im Notfall auch noch da ist und Entscheidungen treffen kann. Und ich steh am nächsten Mor-

gen pünktlich um acht Uhr wieder auf der Matte. Und tatsächlich: Es funktionierte! Meine Mitarbeiter gewöhnten sich eine größere Selbstständigkeit an, sie entschieden eben auch mal ohne mich und kamen selbst auf Lösungen, wo sie mich früher ständig sofort gefragt hätten. Und kaum ein Kunde hat sich darüber beschwert, wenn ich ihn erst am nächsten Morgen zurückgerufen habe. Man muss es nur wirklich wollen – dann lässt sich vieles anders organisieren und es geht auf einmal. Wir machen trotzdem noch gute Geschäfte, die Welt dreht sich noch, meine Leute werden eigenständiger und ich bin entspannter und hab mehr von meiner Familie. Alle haben gewonnen."

Auf den Punkt gebracht

▸ Jung bedeutet nicht immer besser – werfen Sie Ihre Erfahrung und Gelassenheit in die Waagschale!

▸ Angst vor Veränderung ist erst einmal völlig O. K. – wir wissen nicht, was auf uns zukommt. Oft jedoch bringen Veränderungen viel Positives und frischen Wind mit sich – sehen Sie es mal so und ändern Sie die Perspektive.

▸ Finden Sie das richtige Maß zwischen langsam und schnell: Zu viel schnell wird anstrengend, zu viel langsam aber auch. Hinterfragen Sie sich ehrlich, was für Sie der versteckte Gewinn ist bei dem Mördertempo – das ist dann Ursachenforschung und nicht bloße Symptombekämpfung. Das beste Zeitmanagement nützt nichts, wenn ich die gewonnene Zeit nicht genieße, sondern sie mir wieder vollstopfe.

Die große Leere

Manchmal bricht alles zusammen. Jeder Halt, jede Sicherheit, die wir bislang im Leben hatten, ist plötzlich weg. Unser Leben wird in den Grundfesten erschüttert – alles, aber auch wirklich alles beginnt zu wanken. Wir stellen alles infrage – wir stellen *uns* infrage. Überall ist nur noch Angst, Verzweiflung, Leere.

Kennen Sie das? Ich schon. Da gibt es auch keinen Unterschied mehr zwischen privatem und beruflichem Leben – alle Bereiche sind betroffen. Wir sind im innersten Kern, im Mark getroffen, wir können uns (vermeintlich) auf nichts mehr verlassen, alles scheint auf Sand gebaut.

Eine Lebenskrise. Vielleicht die größte Ihres Lebens.

Ja, hier ist Angst angebracht. Existenzielle Angst. Hier hilft auch erst einmal ganz wenig: Keine Ablenkung funktioniert, Verdrängung klappt auch nicht mehr, dazu ist die Krise zu groß. Nichts, an das ich geglaubt habe, an dem ich Halt fand, gilt noch. Die Fassade bröckelt, ich kann nicht länger die Maske der Sorglosigkeit aufrechterhalten – natürlich habe ich dann Angst. Große Angst. Und ich kann mir in diesem Moment absolut nicht vorstellen, dass es wieder aufwärtsgehen kann, dass es je wieder besser wird.

Und doch: Wenn Sie diese Krise bewältigt und überlebt haben, dann sind Sie stärker und haben enorm viel gelernt. Dann können Sie sich in Zukunft viel mehr als bislang auf sich selbst verlassen, dann kennen Sie den Halt, den Sie sich selbst geben können.

Für Menschen wie uns, die ihr Leben in vollen Zügen leben, mit allen Höhen und Tiefen, sich oft hinterfragen, himmel-

hochjauchzend sein können, aber auch zu Tode betrübt …
für solche Menschen gehören vielleicht auch diese existenziellen Krisen zum Leben dazu.

Für mich waren diese Krisen wichtig – auch wenn ich sie in
den Momenten, als sie mich in ihren Fängen hatten, ver-
flucht und gebetet habe, sie mögen doch bitte verschwin-
den. Ich habe gelernt, ich bin gewachsen, ich bin sicherer
und stärker geworden danach. Sie gehören zu meiner
Geschichte dazu, ich möchte sie nicht missen.

Angst vor dem Leben: Wer bin ich und was soll ich hier?

Existenzielle Krisen bringen mein Leben ins Wanken, meine
Identität, den Sinn. Wer bin ich eigentlich? Was ist der Sinn
in meinem Leben? Die Antworten darauf fallen mir unend-
lich schwer in solch einer Phase meines Lebens.

Ich hatte eigentlich noch Glück: Meine erste große berufli-
che Sinnkrise hatte ich erst vor Kurzem – nach doch im-
merhin ca. 19 Jahren, in denen mir mein Beruf Berufung
war. Ich konnte mir nichts anderes vorstellen, als Trainerin
und Coach zu sein, war glücklich und auch sehr oft dank-
bar dafür. Ich wusste: Ich bin eine gute Trainerin, kann mit
viel Empathie und Neugier auf Menschen zugehen und sie
begeistern, unterstützen und motivieren. Mit dieser Arbeit,
die mir ein Herzensbedürfnis ist, Menschen weiterbringen
und damit mein Geld verdienen zu können – das empfand
ich meist als großes Glück und Privileg.

Doch plötzlich wurde alles anders, vor ein paar Monaten:
Mein erstes Buch verkaufte sich gut, ich hatte viele PR-

Aktivitäten ins Rollen gebracht, schrieb und veröffentlichte Artikel und Podcasts, hielt Seminare ab, war ein paarmal im Radio und hatte Coaching-Klienten. Alles so gewollt, alles wunderbar.

Und dann wurde mir plötzlich alles zu viel. Ich fühlte mich an die Geschichte des alten Indianers erinnert, der inmitten einer langen Reise plötzlich stehen blieb, sich einen großen Baum suchte und sich dort im Schatten ruhig niederließ. Auf die Frage, warum er denn seine Reise nicht fortsetze, antwortete er: „Ich muss hier warten. Meiner Seele war das Tempo zu schnell. Sie ist unterwegs verloren gegangen. Nun warte ich, bis sie nachgekommen ist. Erst dann können wir zusammen im richtigen Tempo unsere Reise wieder fortsetzen."

Ja, es war zu schnell. Ich fühlte mich plötzlich absolut außer Atem, orientierungslos, schwindelig. „Halt!", wollte ich rufen. „Nicht so schnell! Ich weiß doch gar nicht, ob ich da hin will. Ich weiß doch eigentlich noch nicht mal, was ich eigentlich wirklich aus tiefstem Herzen will!"

Eine Sinnkrise also. Eine ziemlich große, die weh tat, die mich völlig lähmte und arbeitsunfähig machte. Die mich zeitweise völlig verzweifeln ließ und viele Tränen, viel Energie und Herzblut kostete. Da ich so etwas nicht kannte, war ich sehr erschrocken und auch erst einmal völlig hilflos.

Schwarzes Loch – sonst war da nichts. In diesen Tagen und Wochen konnte ich mir ums Verrecken (fast wörtlich genommen) nicht vorstellen, wie ich da wieder herauskommen sollte. Wie ich jemals wieder lachen, Leichtigkeit spüren, lebenstauglich und arbeitsfähig werden sollte. Klingt pathetisch, klingt übertrieben – aber genau so hat es sich

angefühlt. Absolute Leere, absolute Hilflosigkeit und Ohnmacht, absolute Verzweiflung. Klingt das für Sie zu pathetisch? Denken Sie jetzt: „Muss die Stackelberg denn gar so
dick auftragen?"? Ja, manchmal ist das einfach dran.
Manchmal helfen rosa Schleifchen, Beschönigungen à la
„Wird schon wieder, Kopf hoch!" nichts. Manchmal ist es
einfach gerade nur sehr, sehr schlimm. Im Coaching merke
ich immer wieder, wie wichtig es ist, dies dann auch genau
so auszusprechen. Und diesem Gefühl auch einmal Raum
zu geben, es wertzuschätzen, sagen zu dürfen: „Ja, es ist
im Augenblick einfach nur sehr, sehr schlimm."

Ich schreibe dies nicht, um mich hier großartig ins Schein-
werferlicht zu stellen oder um Mitleid zu heischen. Meine
Motivation, dies so offen zu schreiben, kennen Sie bereits –
es ist eine Weiterführung des Credos „Die Welt braucht
mehr Rudis" (s. S. 14). Ich möchte Ihnen zeigen, dass auch
ach so schlaue Profis, die sogar Bücher über Selbstbewusstsein und angstfreies Arbeiten schreiben, diese Krisen kennen. Dass trotz all des Wissens auch sie nicht davor gefeit
sind, zusammenzubrechen. Da hat mir nämlich mein gan-
zes Wissen nichts mehr genützt. Da hat meine Seele einfach aufgeschrien und wollte gehört und umsorgt werden.

Ich erzähle auch im Seminar oder im Coaching immer mal
wieder von solchen eigenen Erlebnissen. Warum? Nun, es
macht mich authentisch – es zeigt, dass ich weiß, wovon
ich rede. Ich erzähle davon, dass der Frau fürs Selbstbewusstsein eben dieses nicht in die Wiege gelegt wurde.
Dass diese Frau auch mal sehr wenig Selbstbewusstsein
hatte. Dass diese Frau auch heute noch Phasen hat, in
denen sie unsicher ist, kleinlaut, verzagt, hilflos, ängstlich –
in denen sie sich am liebsten unter der Decke verkriechen

und so schnell nicht mehr darunter hervorkommen möchte. Und oft erleichtert es meinen Klienten, wenn er das von mir hört: „Was? Sogar so jemandem wie Ihnen geht's manchmal so? Na, dann brauch ich mich ja nicht zu wundern, dann bin ich ja in guter Gesellschaft!"

Genau deshalb schreibe ich hier von meiner Sinnkrise und möchte Sie damit auch mal wieder dazu einladen, über Ihre Krisen zu reden, sich mitzuteilen und andere teilhaben zu lassen. Nur so können wir ein tragfähiges Netz dafür schaffen, dass diese Themen endlich aus der Tabuzone kommen. Damit Angst, Zweifel und Krise nicht „bäh!" sind und ganz schnell weggemacht werden müssen, sondern sozusagen gesellschaftsfähig werden, dazugehören dürfen zum Leben.

Wer bin ich eigentlich? Identitätskrise und der sichere Kern

Im Laufe unseres Lebens entwickeln wir viele Facetten, die unsere Identität ausmachen: Charaktereigenschaften, Ressourcen und Talente, Eigenheiten, unsere verschiedenen Rollen im Beruf und im Privatleben. Ich bin die Tochter von A, die Freundin von B, studierte Germanistin, Jahrgang 1965, blond, habe blaue Augen, meine Steuernummer ist 123, ich mag Champagner, hasse Unachtsamkeit, koche gern, halte Seminare und gebe Coaching – all das und noch viel mehr sind Facetten meines Ichs, meiner Identität.

Mit einem gesunden Selbstbewusstsein bin ich mir darüber im Klaren, dass eben all diese unterschiedlichen Facetten meine Identität ausmachen und nicht nur z. B. mein Beruf. Denn ich kenne vor allem meinen Kern, das, was ich nicht in Worte fassen oder in Begriffe kleiden kann. Dieser Kern ist immer da – egal, wie es mir geht, in welcher Lebensphase ich gerade stecke, was ich gerade gelernt oder verloren habe.

Wenn es mir gut geht, spüre ich diesen Kern. Dann bin ich mir seiner sicher – ich weiß, da ist etwas, das mir immer bleibt. Etwas, das meine eigentliche Identität ausmacht – das, was wirklich *ich* bin und nicht eine Rolle ist. Mein eigentliches Ich und nicht ich als Trainerin, Germanistin, Freundin oder Patentante.

Und wenn es mir nicht gut geht? Dann verliere ich das Gefühl für diesen Kern meiner Identität.

Wenn eine Krise mein Leben erschüttert, hat das ja oft mit einem Verlust zu tun: Ich verliere meinen Arbeitsplatz, meine Gesundheit, meinen Erfolg oder einen geliebten Menschen durch Trennung oder Tod. Und irgendwie verliere ich auch einen Teil von mir selbst damit.

Viele Menschen definieren sich in hohem Maß über ihre Arbeit, gerade wenn es nicht nur „einfach ein Job" ist, sondern wirklich ein Beruf oder sogar eine Berufung. Aber auch – ich merke das oft im Coaching – wenn die Arbeit keine wirkliche Erfüllung ist, nicht sonderlich Spaß macht, identifizieren Menschen sich oft hauptsächlich über das, was sie tun.

Stellen Sie einmal ganz vielen Menschen die Frage: „Wer bist du?" Ich wette, die Mehrzahl wird als Erstes den Beruf nennen: „Ich bin Arzt/Lektorin/Rechtsanwalt." Weit weniger werden antworten: „Ein Mensch", oder: „Eine Frau, die die Farbe Blau besonders mag und der Achtsamkeit sehr wichtig ist." Was würden Sie antworten?

Wenn diese Menschen nun ihren Arbeitsplatz verloren haben oder als Selbstständige keine Aufträge mehr bekommen, auf keinen grünen Zweig kommen, sich kein Erfolg einstellen will: Dann gerät die Identität ins Wanken, dann kommt es oft zu einer ausgewachsenen Identitätskrise. Plötzlich wird klar, wie sehr man sich bislang über die Arbeit definiert hat. Wenn die wegbricht – was bleibt? Für viele eben leider nicht mehr viel.

Ein Coaching-Klient von mir war bis vor Kurzem Führungskraft in einem großen Konzern. Er hat sich vorbildlich um seine Mitarbeiter gekümmert, war beliebt („Endlich hört uns jemand mal wirklich zu!") und ging gern seinen Aufgaben nach. Die Aufgaben und Baustellen wurden immer mehr – er begann, Fehler zu machen. Da er selbst im Extremstress war, fielen ihm diese Fehler nicht auf. Und keiner redete mit ihm. Die Fehler häuften sich, es wurde brenzlig. Das Ende vom Lied: Ohne dass jemals einer seiner Führungskräfte ein wirklich offenes, ernstes Wort mit ihm gesprochen hätte, wurde er von heute auf morgen seiner Aufgaben enthoben. Einer seiner Kollegen fand ihn nach diesem Gespräch völlig in Tränen aufgelöst im Auto vor. Abgesehen davon, dass er wirklich einige schwere Böcke geschossen hat – die Art und Weise, ihm das zu sagen und gleich mit derartigen Konsequenzen – da haben sich seine Vorgesetzten wahrlich nicht mit Ruhm bekleckert.

Seine ganze Welt brach zusammen: Er musste sich von seinen geliebten Mitarbeitern verabschieden und bekam keine Chance, aus seinen Fehlern zu lernen. Er wurde zwar im Unternehmen gehalten, aber degradiert zum besseren Sachbearbeiter in hinterster Reihe. Dazu kam die große Angst davor, dass ihn seine Freundin verlässt – er hatte die irrige Idee, sie könne den Statusverlust nicht ertragen. (Was sich gottlob schnell als falsch herausgestellt hat: Seine Freundin war ihm die beste Stütze in den Wochen danach – dieser Schlag hat beide einander noch deutlich näher gebracht.)

Er fuhr erst einmal mit seiner Freundin ein paar Tage zu seinen Eltern – ja, auch ein großer Erwachsener darf sich in Krisen auch mal wieder von Mami verwöhnen lassen. Er kam allmählich zur Ruhe, erschöpft, aber nicht mehr völlig verzweifelt.

Und nun können wir im Coaching Strategien entwickeln, mit dieser Niederlage gut umzugehen. Er beginnt ganz langsam zu ahnen, dass auch dieser Schlag Gutes für ihn in sich birgt. Er möchte daraus lernen, er beginnt, seinen Blick allmählich wieder auf das zu lenken, was ihm guttut, was ihm gelingt, welchen Gewinn diese Krise für ihn haben könnte. Perspektivenwechsel ist ein gutes Mittel. Aber erst gilt es, die Verzweiflung auszuhalten, durch die Angst hindurchzugehen und nichts zu verdrängen.

Der innerste Kern meiner Identität – krisensicher und immer da

Wie gesagt: Es gibt so etwas wie einen innersten Kern meiner Identität – fernab aller Rollen, Eigenschaften und äußeren Merkmale, die mich außerdem ausmachen. Diesen Kern kann ich nur spüren, oft nicht in Worte fassen und selten anderen Menschen zugänglich machen.

Seien Sie sich Ihrer selbst bewusst – seien Sie sich Ihres Kerns stets bewusst! Machen Sie sich klar, dass es da etwas gibt, was hundertprozentig krisensicher ist. Etwas, dem kein Jobverlust, kein Auftragseinbruch, keine Scheidung, kein Umzug, keine Angst und kein Zweifel etwas anhaben können. Etwas, das immer da war, da ist und bleiben wird.

Wenn Sie sich dieses Kerns bewusst sind, dann bricht Ihnen nämlich nicht alles weg, wenn Sie Ihren Job, Ihre Gesundheit oder Ihren Partner verlieren. Dann verlieren Sie in diesem Augenblick zwar Ihre „Bedeutung" in der Rolle als Arbeitnehmer, fitter Mensch oder Ehemann – aber nicht Ihre Identität.

Ich könnte Ihnen jetzt hochphilosophisch oder spirituell kommen, denn dieser innerste Kern ist auch in der Philosophie, in der Religion und in der Psychologie ein wichtiges Thema. Mache ich aber nicht. Ich möchte, dass Sie das ganz unspektakulär sehen und nicht erst halbe Wissenschaften verstanden, Bücher darüber gelesen und sich durch viel Theorie gebuddelt haben müssen. Nennen Sie es innerster Kern, nennen Sie es Seele oder höheres Selbst: Es geht darum, es zu spüren, sich dessen bewusst zu sein und sich gerade in Krisenzeiten deutlich daran zu erinnern.

Also: Buddeln Sie ihn aus, den Kern! Beschäftigen Sie sich mit ihm, pflegen und polieren Sie ihn. Hier einige Anregungen dazu:

Mein innerster Kern – immer da

▸ Schreiben Sie sich in aller Ruhe auf, was Sie alles ausmacht: alle Stärken, Eigenschaften, Rollen, Talente, Eigenheiten. Sie können auch später noch gern ergänzen.

▸ Nehmen Sie sich diese Liste immer mal wieder vor und schärfen Sie Ihr Gespür dafür, was davon zu Ihrem innersten Kern gehört und was zu einer Rolle. Was war immer schon da und bleibt absolut unveränderlich?

▸ Auch wenn Sie Schwierigkeiten damit haben, weil alles irgendwie zu Rollen dazuzugehören scheint: Sie schärfen damit Ihr Bewusstsein – Ihr Gespür.

▸ Der innerste Kern ist schwer in Worte zu fassen, also noch einmal: Spüren Sie ihn! Lassen Sie sich dabei von Ihrer Intuition leiten, vertrauen Sie darauf, dass er da ist und Sie ihn spüren können.

▸ Vielleicht können Sie diesen innersten Kern bei sich irgendwo im Körper verorten: Wo sitzt er? Was passiert, wenn Sie Ihre Aufmerksamkeit auf diese Stelle im Körper lenken? Beobachten Sie das.

▸ Sie können auch ein Symbol für Ihren innersten Kern finden – etwas, das Sie stets daran erinnert: einen Gegenstand, einen Stein, etwas aus der Natur – oder Sie malen ein Bild dazu. Suchen Sie nicht, sondern lassen Sie sich finden: Lassen Sie sich z. B. davon überraschen, was Ihnen auf einem Spaziergang durch die Natur plötzlich ins Auge sticht – vielleicht ja das Symbol?

Wozu das alles? Sinnkrise und Sinn finden

Identitätskrisen lassen sich nie hundertprozentig von Sinnkrisen trennen – in jeder Sinnkrise geht es auch um Identität, in jeder Identitätskrise fehlt auch zeitweise der Sinn. Interessant in diesem Zusammenhang ist auch die englische Übersetzung von Sinnkrise: identity crisis.

Schon immer haben sich Menschen darüber Gedanken gemacht, was denn der Sinn ihres Lebens sein könnte. Das begann in der Philosophie der Antike, wo das Erlangen von Glück als vorrangiger Sinn des Lebens angesehen wurde. Das Mittelalter dagegen wurde vor allem durch das Christentum dominiert – dort galt das Erreichen des ewigen Lebens als Sinn des Lebens. Die Aufklärung schaffte es in der Neuzeit, den Fokus weg vom Göttlichen wieder hin zum einzelnen Menschen zu richten, zur Eigenverantwortlichkeit des Menschen, der sich des Verstandes bedient und einen freien Willen hat. Auch heute noch existieren viele verschiedene philosophische und religiöse Ansätze nebeneinander – der Sinn des Lebens ist ein wahrhaft unerschöpfliches Thema. Auch wenn es viele Menschen gibt, die den Sinn des Lebens schlicht darin sehen zu leben. Punkt. Auch eine Überlegung wert, nicht wahr? Schon Goethe sagte: „Der Sinn des Lebens ist das Leben selbst."

Wenn ich auf die Frage „Wozu mach ich das alles?" keine Antwort mehr finde, dann kann mich das schon in tiefe Verzweiflung, Leere und eben das Gefühl von Sinnlosigkeit stürzen – und das kann unter Umständen sogar lebensbedrohlich werden. Über den Sinn unseres Lebens machen wir uns nicht ständig Gedanken und meiner Meinung nach sind diese Überlegungen auch nie wirklich abgeschlossen – es ist vielmehr ein stetiger Prozess, so wie unser Leben sich stetig verändert. Wir machen uns eher an Wendepunkten unseres Lebens Gedanken darüber, nach einschneidenden Ereignissen: beginnend mit der Pubertät (wenn plötzlich das ganze Leben wichtig, ernst und verworren für uns ist), nach dem Schul- oder Ausbildungsabschluss, am Ende des Berufslebens, wenn wir eine Familie gründen, in Krisen wie zum Beispiel schwere Krankheit, Tod des Partners oder guten Freundes, in der Mitte des Lebens, während der berühmt-berüchtigten Midlife-Crisis. Der Gedanke an den Sinn des Lebens beschäftigt mich nicht tagtäglich, er ist selten ein bewusster Prozess.

Es gibt sehr viele Menschen, die glücklich und erfüllt leben, ohne sich jemals explizit Gedanken über den Sinn ihres Lebens gemacht zu haben. Das ist dann auch völlig in Ordnung so. Drängend wird diese Frage wie erwähnt erst dann, wenn mir plötzlich alles sinnlos erscheint und mir das alle Kraft und den Lebenswillen raubt. Auch hier gilt wieder: Sie haben die Wahl und es liegt in Ihrer Verantwortung, damit konstruktiv umzugehen und etwas dagegen zu tun.

Sie *können* etwas dagegen tun! Wenn Ihnen der Sinn des Lebens verloren gegangen ist: Finden Sie ihn wieder!

Der Sinn meines Lebens – hilfreiche Fragen

▸ Gab es früher, in einer anderen Phase Ihres Lebens, schon einmal Antworten auf die Frage nach dem Sinn des Lebens? Wie lauteten diese?

▸ Welche Werte und Überzeugungen sind Ihnen wichtig? Werte können sinnstiftend sein. (Werte können z. B. sein: Achtsamkeit, Ehrlichkeit, Mut, Bescheidenheit, Pflichterfüllung etc.)

▸ Wofür brennen Sie?

▸ Bei welchen Tätigkeiten können Sie vollkommen im Flow sein – also das Gefühl für Raum und Zeit verlieren, darin völlig aufgehen, und das ohne Anstrengung?

▸ Welche Höhepunkte gab es in Ihrem Leben – wann waren Sie besonders glücklich, sinnerfüllt, eins mit sich selbst? Was machte diese Situationen aus?

▸ Was würden Sie tun, wenn Sie sich über Geld keine Sorgen zu machen bräuchten und allen Mut der Welt hätten?

▸ Was vermuten Sie – wenn ich Ihre Mutter/Ihren Partner/Ihren besten Freund/Ihr Kind fragen würde: „Was ist der Sinn des Lebens deines Kindes/Mannes/Freundes/Vaters?", was würde sie/er antworten?

▸ Wenn Sie an Ihrem 80. Geburtstag eine Rede halten würden zum Thema „Der Sinn meines Lebens", was würden Sie sagen wollen?

Und noch eines ist mir enorm wichtig, Ihnen bei Ihrer Sinnsuche mit auf den Weg zu geben:

Wenn es zu schwer für Sie allein ist – lassen Sie sich helfen! Von Ihrem Partner, Ihrer Familie oder guten Freunden, von einem Coach oder Therapeuten. Dieses Thema ist unter Umständen so allumfassend, so groß und vielleicht auch scheinbar nicht zu bewältigen, dass Sie da nicht allein durchmüssen. Nehmen Sie sich die Zeit und den Raum, sich mit diesen Fragen zu beschäftigen und Antworten zu finden.

Und – auch sehr wichtig: Es sind *Ihre* Antworten! Nur Ihnen ganz allein müssen diese Antworten gefallen, nur Sie
allein können die Antwort auf Ihre Sinnfrage finden. Diese
Antworten darf Ihre Mutter befremdlich finden, Ihre Kollegen dürfen ruhig den Kopf schütteln – egal. Sie müssen
nicht gesellschaftskonform sein, sie müssen keinem „Das
macht man so!" genügen, es müssen nicht die Antworten
sein, die „man mit 40 oder als Frau oder Vater eben so
hat". Nein, es müssen *Ihre* Antworten sein, die einzig und
allein *Ihr* Leben mit Sinn erfüllen. Ob das nun religiöse
Antworten sind, ob der Sinn Ihres Lebens in einer großen
Familie, in einer Gesangskarriere oder im Schafezüchten in
Irland besteht – nur Sie bestimmen das!

Lassen Sie sich wertschätzend, konstruktiv und liebevoll
unterstützen, aber lassen Sie sich da nicht reinreden oder
in Schubladen pressen, die nicht die Ihren sind!

Finden Sie Antworten – egal wie sie lauten. Und wenn es
die wohl verrückteste Antwort auf die Frage nach „dem
Leben, dem Universum und dem ganzen Rest" ist, die
Douglas Adams in „Per Anhalter durch die Galaxis" gab:
„42".

> ## Die Antwort von Thornton Wilder, amerikanischer Schriftsteller des 20. Jahrhunderts:
>
> *„Manchmal vermag uns ein durch den Asphalt brechender Löwenzahn die tägliche Frage nach dem Sinn des Lebens eindrücklicher und überzeugender zu beantworten als eine ganze Bibliothek philosophischer Schriften."*

Oder lassen Sie Gandhis Aufruf eine Unterstützung für Ihre Sinnfindung sein, der sagte: „Sei du selbst die Veränderung, die du dir wünschst für diese Welt."

Angst vor Job-/Auftragsverlust

„Anne Koark – Pleitier" steht auf ihrer Visitenkarte. Die Engländerin lebt und arbeitet seit 1985 in Deutschland. Die Exinhaberin der Firma „Trust in Business" musste 2003 Privatinsolvenz anmelden und verlor alles: Geld, Auto, Wohnung, Kreditkarte – aber nie den Glauben an sich selbst. Seit September 2009 hat sie es geschafft – sie darf wieder Geld verdienen. Frau Koark ist inzwischen bekannt aus der Presse und aus dem Fernsehen als humorvolle, einfühlsame und Mut machende „Insolvenz-Lady". Ihr neues Buch[2] macht Mut und erzählt, wie wir nach Krisen stärker als zuvor wieder aufstehen können.

Frau Koark, mir ist es in diesem Buch so wichtig, über Ängste zu reden und sie aus der Tabuzone zu holen. Sie selbst haben dies ja sehr offensiv gemacht. Warum ist es Ihrer Erfahrung nach wichtig, über seine Ängste zu sprechen?

Anne Koark: Wir verbringen in unserem Leben sehr viel Zeit damit, alle möglichen Ängste bekämpfen und unterdrücken zu wollen. Das kostet sehr viel Kraft und nimmt somit auch Energie für unsere Vorhaben für die

---

[2] Anne Koark: Zurück auf Start. Mein neues Leben nach der Insolvenz. Eichborn 2010.

Gegenwart und Zukunft. Außerdem ist es so, dass man sich alles Mögliche ausmalt, was nicht unbedingt eintreten muss. Ich habe folgende Erfahrung gemacht: Wenn ich die Angst als Teil von mir annehme und sie direkt anspreche, verwandelt sie sich von einem Ungeheuer in eine zu schaffende Situation.

Oft haben andere Menschen in meiner Umgebung die gleiche Situation erlebt oder die gleichen Ängste gehabt und sie können mir wertvolle Tipps geben, wie sie damit zurechtgekommen sind. Aber dafür muss ich mit ihnen darüber sprechen.

Außerdem erlebe ich es immer wieder an mir selbst, dass ich meine Gedanken besser sortieren kann, wenn ich darüber spreche – und das ist schließlich der Schlüssel zum Erfolg.

Was hat Ihnen das Annehmen und das Darüber-Reden gebracht – was haben Sie dadurch gewonnen?

Koark: Ich habe dadurch an Selbstvertrauen gewonnen. Und ich habe mehr Energie, wenn ich Ängste annehme. Ich habe mehr Energie dafür, neue Situationen herbeizuführen, in denen es mir besser geht. Ich habe auch gelernt, dass manchmal andere Menschen etwas wissen, was ich nicht weiß, und mir in dem Moment, in dem sie von meiner Situation erfahren, mit Kontakten oder Ideen weiterhelfen können. Manchmal ist dadurch die Lösung der beängstigenden Situation viel näher, als ich dachte.

Frau Koark, wenn ich mich traue, über meine Ängste und Zweifel zu sprechen: Was sollte ich beachten, damit ich mich gut schütze? Wie sollte ich wählen, wem ich was erzähle? Wie mache ich es richtig?

Koark: Wenn ich ständig davon ausgehe, dass jemand dieses Wissen missbrauchen könnte und ich deshalb übervorsichtig bin – dann beschwöre ich Probleme herauf, die sonst gar nicht da gewesen wären. Ich habe meistens etwas ganz anderes erlebt: Wenn ich ehrlich und offen bin, fühlen sich andere Menschen an ihre eigenen schwierigen Situationen erinnert, können es meist gut annehmen und oft sogar helfen. Manchmal muss man es riskieren, ein Mensch zu sein. Deshalb halte ich nichts davon, wenn man sich taktisch verhält oder Menschen ausschließt. Eine halbe Offenheit ist nicht wirklich eine Offenheit. Nur wenn ich zu meiner Situation stehe, kann ich weitergehen.

Frau Koark, wenn mir die Angst vor dem Jobverlust – gerade in der aktuellen Wirtschaftskrise – im Nacken sitzt: Welchen ersten kleinen Schritt raten Sie mir? Ganz konkret: Wie könnte ich morgen ein klein wenig anders mit meiner Angst umgehen?

Koark: Wenn ich aus der Angst heraus handle, dann mache ich das oft so übervorsichtig, dass ich vielleicht verliere. Es ist wichtig, dass wir dann unsere Arbeit genauso machen, als ob wir diese Angst nicht hätten. Das ist manchmal leichter gesagt als getan. Da hilft oft autogenes Training oder Yoga.

Trotzdem ist es gut, dass ich mich auf den Ernstfall vorbereite. Da hilft es nicht, den Kopf in den Sand zu stecken und zu warten, bis „es" passiert. Deshalb sollte ich die Angst beschäftigt halten und zum Beispiel meinen Lebenslauf auf den neuesten Stand bringen oder besser gestalten, Zeugnisse sortieren und meine Unterlagen ergänzen. So kann ich im Falle eines Falles gleich mit der Jobsuche loslegen.

Es schadet nie, sich auf dem Markt nach möglichen Alternativen umzusehen. Und ich sollte immer an andere Veränderungssituationen in meinem Leben denken, vor denen ich Angst hatte und die ich gut bewältigt habe.

Sehr oft ist Veränderung lange nicht so schlimm, wie wir ursprünglich befürchtet haben.

Frau Koark, herzlichen Dank für Ihre wertvollen Tipps!

Erfolg macht einsam – die Angst als Chef

„Chef müsste man sein, da könnte ich dann auch andere nach meiner Pfeife tanzen lassen!" – Dies denkt sich so mancher Angestellte, der unter einem schwierigen Chef zu leiden hat. Der darf, wie er will, der verdient viel Geld, sitzt im Eckbüro, geht ständig teuer essen und fährt einen dicken Firmenwagen. Viele Klischees und Vorurteile gibt es über „den Chef" – wobei es „den" Chef ja sicher nicht gibt. Erstens sind Chefs auch Menschen und somit so unterschiedlich, wie Menschen nun einmal sind. Und dann macht es sicherlich auch einen Unterschied, ob es eine Führungskraft der unteren, mittleren oder oberen Führungsebene ist – ob dieser Chef noch Chefs über sich hat oder nicht.

Durch meine Arbeit als Trainerin bei MAN und in anderen Unternehmen kenne ich etliche Chefs, und ich sage Ihnen ganz ehrlich: Tauschen möchte ich eigentlich mit keinem von ihnen. Ich erlebe nämlich häufig ungemein gehetzte Manager, ständig auf dem Sprung in den nächsten Termin, mit enorm viel Verantwortung für viele Mitarbeiter, unter heftigem Zahlendruck von „oben" und mit zig Baustellen, die sie parallel zu bewältigen haben. Wenig Zeit für echte Gespräche, kaum Rückzugsmöglichkeiten, nicht selten mit längst gescheiterten Ehen und den ersten Herzinfarkt schon hinter sich. Da bleibt schnell nichts mehr übrig vom Glamour, vom Traum der fetten Kohle und der Faszination des 7er BMWs.

Peter, 46 Jahre, in der mittleren Führungsebene eines Konzerns tätig, Coaching-Klient:

„Wissen Sie eigentlich, Frau Stackelberg, wie gut mir das tut, wenn mir einfach mal jemand 90 Minuten mit aller Aufmerksamkeit und Wertschätzung zuhört? Meine Familie möchte ich nicht belasten, meine Mitarbeiter brauchen gerade selbst besonderen Zuspruch und Stärke von mir – wir haben immer noch Kurzarbeit – und Kollegen sind ja mit ähnlichen Problemen beschäftigt. Ich fühle mich seit Längerem wie der Hamster im Rad – und ich hab keine Ahnung, wo der Ausgang ist."

Sie erinnern sich: Am Anfang des Buches habe ich Ihnen Rudi vorgestellt – ein Chef, der endlich mal in aller Öffentlichkeit über seine Ängste und Unsicherheiten sprach. Und ich wiederhole es: Die Welt braucht mehr Rudis!

Viele Führungskräfte – vor allem die männlichen – sind nämlich zusätzlich zum Stress jeden Tag auch noch in einer anderen Schublade gefangen: „Ein Indianer kennt keinen Schmerz!", oder: „Kerle jammern nicht!", oder: „Der Chef muss andere motivieren können, der muss immer wissen, wo es langgeht!"

Ach ja? Welche seltsamen Weisheiten und Gesetze sind das eigentlich? Warum darf sich der Mitarbeiter beim Chef ausweinen und Ballast abladen und der Chef hat keine Anlaufstelle? Warum scheinen sich in der öffentlichen Meinung Autorität und Souveränität einerseits und Angst bzw. Selbstzweifel andererseits derart zu widersprechen? Unseren Söhnen bringen wir bei, dass Jungs auch mal schwach sein und weinen dürfen – und was ist mit den Vätern?

Wir brauchen mehr selbstbewusste Führungskräfte, die offen zu ihren Ängsten stehen. Dies ist eben gerade *kein* Zeichen von Schwäche, sondern einfach menschlich und letztlich sehr souverän. Solche Chefs geben ein gutes Vorbild ab, zeigen, wie man mit Krisen, Ängsten und Zweifeln gut umgehen kann. Außerdem sind sie lange nicht so angreifbar wie die vermeintlich Perfekten. Überlegen Sie doch einmal, wie viel Energie und Zeit es kostet, seine Ängste um jeden Preis verbergen zu wollen. Ist es da nicht viel klüger, offen und ehrlich zu sagen: Hier weiß ich auch nicht weiter?

Natürlich nicht immer und ständig, denn schließlich sollte eine gute Führungskraft in der Regel schon wissen, wo es langgeht. Keine Sorge, Chefs sollen jetzt nicht zum Weichei oder zur Memme mutieren – aber sie sollen doch bitte

Mensch sein dürfen! Und die haben hin und wieder Zweifel und Ängste. Ist so. Punkt.

Mit solch einer Offenheit sind diese Chefs dann Vorbild, Ihr Verhalten wird nachvollziehbarer, greifbarer, konkreter für ihre Mitarbeiter. Und außerdem haben sie auch selbst etwas davon: Wer sich mit anderen über Probleme am Arbeitsplatz austauscht, verarbeitet negative Emotionen schneller und besser als der stille Grübler. Das haben Untersuchungen des Psychologen Matthew Lieberman von der Universität von Kalifornien in Los Angeles ergeben.

Und jetzt verrate ich Ihnen noch, was ich mit „Erfolg macht einsam" meine: Ich habe öfter Chefs im Coaching, die genau das beklagen: Es traut sich kaum jemand, seinem Chef ehrliches Feedback zu geben, ihm einmal ganz ungeschminkt seine Meinung zu sagen.

Klar, der Chef ist eine Respektsperson. So wie früher der Lehrer. Aber der Chef ist auch ein Mensch – wie schon mehrfach erwähnt –, und der macht Fehler. Und woher zum Teufel soll er denn wissen, dass er Fehler macht oder wie seine Mitarbeiter ihn so sehen, wenn ihm das niemand sagt? Gut, es gibt dann noch den Chef-Chef oder den Coach, der seinem Klienten den Spiegel vorhält und ihm ehrliches und offenes Feedback gibt.

Ich möchte Sie also hiermit dazu einladen, offener und ehrlich mit Ihrem Chef zu reden! Geben Sie ihm die Rückmeldung, mit der er sein Verhalten reflektieren und gegebenenfalls verändern kann! Erzählen Sie ihm ehrlich, wie es gerade in der Belegschaft aussieht, welche Stimmung gerade herrscht. Beklagen Sie sich nicht nur, sondern machen Sie gleich ein paar Vorschläge, was Sie alle gemeinsam verbessern könnten. Haben Sie Verständnis, reden Sie aber auch deutlich über Ihre Bedürfnisse und Wünsche.

Und bedenken Sie immer: Woher soll Ihr Chef wissen, was er ändern sollte, wenn es ihm keiner sagt?

Wie immer in solchen Gesprächen: Der Ton macht die Musik. Bereiten Sie so ein Gespräch gut vor, nehmen Sie ihm viel ab an Recherche etc.

Und noch eine Ermutigung an Sie, lieber Chef: Lassen Sie ein klein wenig mehr in sich hineinschauen, seien Sie Mensch! Zeigen Sie sich als der Mensch, der nicht immer alles weiß, der auch mal verzagt, ratlos oder zweifelnd ist. Sie werden sehen: Das tut Ihrer Autorität und Ihrem Standing bei den Mitarbeitern keinen Abbruch, im Gegenteil. Denken Sie öfter mal an Rudi und tun Sie es ihm nach.

Auf den Punkt gebracht

▸ Haben Sie den Mut, genau hinzusehen, sich viele Fragen zu beantworten und sich Zeit zu geben; dann finden Sie auch nach einer großen Sinnkrise wieder den ersten Ansatz zu Neuem, Besserem.

▸ Der innerste Kern Ihrer Identität geht nie verloren! Er ist der Fels in der Brandung, auch wenn die Wogen noch so hoch schlagen. Er trägt Sie und wenn die Wogen sich ein wenig beruhigt haben, sehen Sie ihn auch wieder.

▸ Erfolg macht Chefs oft einsam. Reden Sie als Chef mit vertrauenswürdigen Menschen über Ihre Zweifel und Ängste. Sie werden sehen: Es macht Sie authentisch und glaubwürdig, es wird Ihnen guttun.

Zutaten für ein mutiges Leben

So, lieber Leser –allmählich schließt sich der Kreis zum Beginn des Buches: Schlagen wir jetzt den Bogen vom „Plädoyer für die Angst" hin zu den Zutaten für ein mutiges Leben. Wir haben jetzt ausführlich darüber gesprochen, wie Sie sich Ihren Ängsten stellen können, sie anschauen und mit ihnen umgehen können. Mir ist es sehr wichtig, die Ängste aus der Tabuzone herauszuholen, sie nicht zu verdrängen und zu verschweigen, sondern sie als Teil des Lebens anzusehen. Wenn wir unsere Ängste und Zweifel also in unser Leben integrieren, dann nehmen wir ihnen damit ihren Schrecken, brauchen nicht mehr die Kraft, gegen sie anzukämpfen – dann ist auch wieder mehr Platz für die andere Seite, für den Mut und die Zuversicht und all die anderen Facetten eines guten Lebens. Darauf möchte ich im Folgenden näher eingehen.

Bedürfnisse erkennen und dafür einstehen

Keiner kann so gut wissen, was Sie gerade brauchen, wie Sie selbst – behalten Sie also Ihre Bedürfnisse im Auge und stehen Sie dafür ein! Viele von uns werden heutzutage immer noch dazu erzogen, sich selbst hintanzustellen und vor allem für die anderen da zu sein. Auf der anderen Seite möchten wir nicht als Egoist dastehen, der nur an sich denkt.

Wie so oft: Die richtige Mischung macht's – kein Entweder-oder ist angesagt, sondern ein „und". Ich denke an mich *und* an die anderen. Ich bin für mich da *und* für die anderen. Ich wertschätze meine Bedürfnisse *und* die der anderen. Ich halte das auf mehreren Ebenen für wichtig: Zum einen helfen uns Werte als Wegweiser zu unseren Bedürfnissen. Was ist mir wichtig, welche Eckpfeiler meines Lebens sind unabdingbar? Hierzu einige Anregungen:

Meine Werte (bitte schriftlich!)

▸ Werte können z. B. sein: Disziplin, Neugier, Gehorsam, Leistung, Treue, Pflichterfüllung, Authentizität, Zuverlässigkeit, Fleiß, Bescheidenheit, Selbstbeherrschung, Pünktlichkeit, Anpassungsbereitschaft, Enthaltsamkeit, Wertschätzung, Respekt, Offenheit, Transparenz, Gleichbehandlung, Gleichheit, Autonomie, Genuss, Abenteuer, Abwechslung, Kreativität, Emotionalität, Selbstverwirklichung, Macht, Unabhängigkeit, Anerkennung, Ordnung, Ehre, Idealismus, Integrität, Vertrauen, Achtsamkeit, Beziehung, Status etc.

▸ Welches sind Ihre fünf wichtigsten Werte?

▸ Welches sind Ihre fünf wichtigsten Werte im Berufsleben?

▸ Was bedeutet das für Sie? Wie integrieren Sie Ihre Werte in Ihr Denken und Handeln?

▸ Woran merkt Ihre Umwelt, dass Sie diese Werte leben?

▸ Welche Ihrer Werte vernachlässigen Sie in letzter Zeit? Was können Sie tun – *jetzt,* in diesem Augenblick?

Mir persönlich zum Beispiel sind Achtsamkeit und Authentizität (eigentlich ein schreckliches Wort – ich mag „authentisch sein" sehr viel lieber!) besonders wichtig. Diese
beiden Werte sind Eckpfeiler meines Lebens – ich achte
immer wieder darauf, dass ich sie wirklich lebe, sie sind
eine gute Messlatte: War ich achtsam genug im Gespräch
mit meinem Coaching-Klienten? Habe ich genug Achtsamkeit von meinem Auftraggeber in dem Telefonat gespürt?
War ich in dem Vortrag authentisch oder habe ich eine
Rolle gespielt, die ich nicht wirklich bin? Damit kann ich
immer wieder gut mein Verhalten feinjustieren oder z. B.
erkennen, warum mir mein Gegenüber nicht guttut.

Meine Werte sind so etwas wie das große Ganze. Im Alltag
kann ich immer üben, auf meine Bedürfnisse zu hören
(auch wenn ich ihnen dann nicht immer nachgeben muss):
Wie geht es mir gerade? Möchte ich dieses Gespräch wei-
terführen? Mache ich dies jetzt, weil ich es wirklich will
oder weil es jemand von mir verlangt? Brauche ich jetzt
eher Erholung oder Action?

Spüren Sie mehrfach am Tag ganz kurz in sich hinein: Was
ist da gerade? Sie müssen diesem Bedürfnis ja nicht gleich
nachgehen, manchmal passt es nicht oder die Bedürfnisse
der anderen sprechen dagegen. Entscheidend ist es nur,
diese Fähigkeit zu trainieren – zu spüren, was ich gerade
brauche.

Gelassenheit

Noch etwas, was Sie unbedingt öfter in Ihr Leben einladen
sollten: die Gelassenheit!

Altirischer Segenswunsch

„Ich wünsche dir die Fröhlichkeit eines Vogels im Eber-
eschenbaum am Morgen, die Lebensfreude eines Fohlens
auf der Koppel am Mittag und die Gelassenheit eines Scha-
fes auf der Weide am Abend."

Gelassen sein bedeutet auch:

▸ Ich tue alles achtsam, ruhig und gelassen, konzentriert
  und fokussiert, eines nach dem anderen in genau der
  Zeit, die es eben braucht.

▸ Ich rege mich nicht über alles gleichermaßen intensiv
  auf! Ich wäge ab, wo Aufregung und Empörung wirklich angebracht sind, weil ich damit etwas ändern kann
  – und wo Aufregung nur meine Nerven strapaziert.

▸ Ich muss nicht immer recht haben! Manchmal reicht es
  auch, im Stillen zu wissen, dass ich recht habe – ich
  muss es nicht auch noch allen beweisen und in die Welt
  hinausrufen.

▸ Ich muss mich nicht für alles interessieren, zu allem eine
  fundierte Meinung haben, bei allem mitreden können.
  Manchmal ist einfach „Klappe halten" angesagt – und
  das entspannt ungemein!

▸ Im Wort „gelassen" steckt auch „lassen" drin – es sein
  lassen können, loslassen können. Wir müssen nicht immer schrecklich konsequent sein, wir müssen nicht alles
  bis zum bitteren Ende durchhalten oder durchfechten –
  lassen Sie es doch einfach mal (gut) sein. Oder den lieben Gott einen guten Mann. Oder fünf gerade.

▸ Suchen Sie sich mal Fotografien von gelassenen Menschen aus dem Album oder Internet: So ein Foto kann eine gute Erinnerung und ein gutes Vorbild sein – wie sieht Gelassenheit aus, wie fühlt sie sich an? Foto ausdrucken und an die Pinnwand – direkt in Ihr Blickfeld!

Meiner Erfahrung nach ist Gelassenheit etwas, was wir mit der Zeit automatisch lernen. Gelassenheit verbinde ich nicht unbedingt mit ganz jungen Menschen, in der Jugend zählen andere Qualitäten.

Angst und Gelassenheit haben auch viel miteinander zu tun: Je älter wir werden, desto öfter haben wir unsere Ängste gemeistert – wir merken, dass wir Angst überleben können und welche Chancen für uns in unseren dunklen Stunden stecken. Wenn wir das erste Mal große Ängste spüren, sind sie völlig neu, unbekannt, uns nicht geheuer – wir wissen nicht, wie wir mit ihnen umgehen sollen. Je älter wir werden, je öfter uns Ängste begegnen, je mehr wir in Übung kommen im Umgang damit, desto besser erkennen wir: Wir schaffen das! Auch wenn Ängste wohl immer Angst machen werden: Aber mit den Jahren können wir lernen, der einen oder anderen Angst ein wenig gelassener zu begegnen. Wir können der Angst gegenübertreten, ihr ins Gesicht sehen und sagen: „Ach du bist es wieder, dich kenn ich doch. Ist es also mal wieder so weit. Nun denn, packen wir's an, alte Bekannte!"

Nehmen wir mit Gelassenheit Dinge an, die wir nicht ändern können. Damit begegnen wir auch mutig unseren Ängsten – und außerdem sparen wir unsere Kraft, wenn wir uns nicht gegen Unabwendbares wehren.

Eigenverantwortung

Ein mutiges und angstarmes Leben kommt ohne Opferrolle aus – Sie sind kein ohnmächtiges Opfer, kein Spielball des Schicksals, sondern Sie leben Ihr Leben eigenverantwortlich. Oder?

Ja, das ist manchmal unbequem und macht wiederum Angst. Schaff ich das alles? Bequemer wäre es ja, wenn ich jemand anderem die Verantwortung und dann auch gleich die Schuld am Scheitern übertragen könnte. So wie damals als Kind – da hat die Mama entschieden, welche Schuhe ich anziehe, was es mittags zum Essen gibt und ob ich noch zum Spielen raus darf. Dann war eben Mama doof, weil es Spinat gab, oder schuld daran, dass ich mich erkältet habe.

Oder aber: Die „schwierige Kindheit" wird auch immer wieder gern genommen als Generalvollmacht für „Ich kann ja nichts machen und außerdem nichts dafür". Die schwierige Kindheit, die unfähigen Eltern, der mobbende Kollege, der fiese Chef, Hurrikan Katrina, die lärmenden Nachbarskinder – ja, manchmal sind auch die schuld an meinem Leben. Dann darf ich mich auch für eine gewisse Zeit (ich spreche von Stunden oder allenfalls Tagen – nicht von Wochen oder Monaten!) im Selbstmitleid wälzen, mir ganz furchtbar leidtun und mit dem Finger auf die anderen zeigen. Ja, auch wir Erwachsenen brauchen das hin und wieder, dieses „Mamaaa, der hat mich gehauen!". Gönnen wir uns hin und wieder ganz bewusst dieses Selbstmitleid, dieses „Die anderen sind doof und schuld und überhaupt". Das ist in Ordnung. Ehrlich. Aber eben nur für einen gewissen Zeitraum und bewusst inszeniert. Auch das hat dann ja in gewisser Weise wieder mit Eigenverantwortung zu tun: Ich beschließe, mir heute und morgen sehr, sehr leidzutun, mich darin zu baden und dafür zu sorgen, dass es mir übermorgen wieder besser geht. Dann kann ich nämlich übermorgen wieder erwachsen werden und eigenverantwortlich mein Leben in die Hand nehmen.

Denn: Dass andauerndes Selbstmitleid und „Die anderen sind schuld!" auf Dauer mein Leben in die richtigen Bahnen lenkt, das wage ich doch mal ganz entschieden zu bezweifeln. Die Verantwortung für mein eigenes Leben muss nicht erdrückend und schwer sein. Die Verantwortung bedeutet auch eigenes Vermögen, eigene Möglichkeiten, Kreativität, Stolz auf Erreichtes, Ausprobieren, Neugestaltung, Unabhängigkeit und einfach Spaß am Leben.

Es gibt nicht „die" richtige Entscheidung – entscheidend ist, *dass* wir uns entscheiden und die Verantwortung für unser Denken und Handeln selbst übernehmen. Denn wir haben die Wahl – immer! Ich ermutige Sie dazu, eine Entscheidung zu treffen mit allen Konsequenzen, die diese Entscheidung mit sich bringt. Ich wünsche Ihnen, dass Sie sich von der Opferrolle verabschieden und Ihr Leben selbst in die Hand nehmen – mit aller Unterstützung, die Ihre Freunde, Ihre Familie oder auch ein Coach Ihnen dafür geben können.

Jesper Juul, dänischer Familientherapeut, hat einmal über Eigenverantwortung gesagt:

„Es ist eine reale Herausforderung, aber gleichzeitig eine äußerst philosophische Angelegenheit, dass jeder von uns für sein eigenes Leben verantwortlich ist – für unsere Emotionen, unsere Gedanken, für unser Sein. Denn es ist er-

schreckend: In dem Augenblick, in dem du Verantwortung übernimmst, wirst du mit deiner elementaren Einsamkeit konfrontiert. Ich kann niemanden für mein Leben, so wie ich es lebe, beschuldigen – ich kann mich zwar auf meine Kindheit beziehen und sagen, dies oder jenes hat mich sehr beeinflusst, aber ich weiß, ich kann mich damit nicht herausreden. Die Verantwortung für mein Leben trage ich alleine und niemand sonst. Und in diesem Zusammenhang steht der Mensch vor einer existenziellen Wahl und hat zwei Möglichkeiten: Will ich verantwortlich sein für mein Leben oder will ich Opfer sein?"

Wollen Sie das Opfer sein? Oder der Macher? Entscheiden Sie selbst!

Lassen Sie sich helfen – Austausch und Netzwerk

Ihr Leben eigenverantwortlich selbst in die Hand zu nehmen bedeutet nicht, dass Sie allein auf weiter Flur sind und alles ganz allein schaffen müssen. Denn Sie leben ja wahrscheinlich nicht als Eremit auf einer einsamen Insel, sondern sind umgeben von Mitmenschen. Und die können Ihnen helfen und Ihnen guttun – sie müssen nur wissen, dass hin und wieder Unterstützung angesagt ist. Also: Reden Sie mit ihnen! Fressen Sie nicht alles in sich hinein, meinen Sie nicht, alles mit sich selbst ausmachen zu müssen. Teilen Sie sich mit, reden Sie, teilen Sie Eindrücke, Erlebnisse und Gedanken mit anderen.

Miteinander reden bringt viele Vorteile:

▸ Durch das Aussprechen klären und strukturieren Sie automatisch Ihre Gedanken. Das hilft besonders dann, wenn Sie das Gefühl haben, nur ein einziges Kuddelmuddel an Gedanken im Kopf zu haben. Sie sortieren, Sie bringen Ordnung in Ihre Gedanken und kommen dabei auf ganz neue, vielleicht sehr hilfreiche.

▸ Sie erfahren allein schon dadurch Wertschätzung, dass Ihnen jemand mit ungeteilter Aufmerksamkeit zuhört. Zuhören – einfach nur zuhören ist nämlich schon eine große Kunst. Kennen Sie Momo?

Michael Ende schreibt über seine Momo:

„Momo konnte zuhören, dass dummen Leuten plötzlich sehr gescheite Gedanken kamen. Nicht etwa, wie sie etwas fragte oder sagte, brachte den anderen auf solche Gedanken – nein, sie saß nur da und hörte zu mit aller Anteilnahme und Aufmerksamkeit. […] Sie konnte so zuhören, dass ratlose und unentschlossene Menschen auf einmal ganz genau wussten, was sie wollten, oder dass Schüchterne sich plötzlich frei und mutig fühlten oder dass Unglückliche und Bedrückte zuversichtlich und froh wurden. Und wenn jemand meinte, sein Leben sei ganz verfehlt und bedeutungslos und er selbst nur irgendeiner unter Millionen – einer, auf den es überhaupt nicht ankommt und der ebenso schnell ersetzt werden kann wie ein kaputter Topf – und er ging hin und erzählte all das der kleinen Momo, dann wurde ihm, noch während er redete, auf geheimnisvolle Weise klar, dass er sich gründlich irrte. Dass es ihn, genau so wie er war, unter all den Menschen nur ein einziges Mal gab und dass er deshalb auf seine ganz besondere Weise für die Welt wichtig war. So konnte Momo zuhören!"

▸ Sie werden merken: Anderen geht es oft genauso! Sie sind nicht allein mit Ihren Problemen, Zweifeln und Ängsten – auch andere kriegen ihr Leben nicht immer so leicht auf die Reihe. Allein dies verbindet und entlastet Sie!

▸ Sie können in solchen Gesprächen üben, klare Wünsche zu äußern. Soll Ihr Gegenüber einfach nur da sein und zuhören? Brauchen Sie ehrliches Feedback oder Trost? Möchten Sie in den Arm genommen oder liebevoll in den Hintern getreten werden? Spüren Sie in sich hinein, welches Bedürfnis Sie haben, was Sie brauchen – und benennen Sie es konkret!

▸ Ihr Gegenüber lernt Sie besser kennen, wenn Sie in sich hineinblicken lassen. Und wenn er/sie Sie besser kennt, kann er/sie auch in Zukunft schneller und effektiver helfen.

Durch einen regelmäßigen Austausch und das Gespräch mit anderen können Sie sich langfristig ein tragfähiges und gut funktionierendes Netzwerk aufbauen – lassen Sie sich helfen und helfen Sie anderen. Netzwerken ist keine neue Modeerscheinung – das gab es schon immer: in Studentenverbindungen, in der Familie, in Zünften, im Verein, beim Stammtisch. Man ist füreinander da, tauscht Tipps und Informationen aus, hilft sich gegenseitig mit Beziehungen, Empfehlungen und Expertenwissen. Auf sein Netzwerk kann man sich verlassen. Ein gut funktionierendes Netzwerk will jedoch gepflegt sein: Verwechseln Sie daher Netzwerken nicht mit einem Selbstbedienungsladen. Erst mal ist bedingungsloses und großzügiges *Geben* angesagt, bevor es ans *Nehmen* geht.

Das fängt damit an, der Nachbarin mit Zucker auszuhelfen, bei den anderen Nachbarn mal aufs Kind aufzupassen oder der Kollegin einen interessanten Zeitungsartikel mitzubringen. Geben Sie Ihrer Freundin den Geheimtipp für das tolle Hotel in Italien, machen Sie der alten Dame im zweiten Stock mal ein Kompliment zu ihrem Hut, verschenken Sie ein Lächeln an den Bäcker oder vermitteln Sie Ihrem Neffen ein Praktikum in der Werbeagentur Ihrer Frau. All das ist Netzwerken, all das hilft uns dabei, uns gegenseitig zu unterstützen. Wir sind weniger allein, als wir oft glauben. Denken Sie daran!

Abschied von hemmenden Glaubenssätzen

Mit Ängsten und Zweifeln konfrontiert zu sein ist schon schwer genug. Viele von uns machen es sich aber zusätzlich noch ein gutes Stück schwerer: Wir haben etliche hemmende Glaubenssätze in uns, „Wahrheiten" also, wie wir und die Welt unserem Empfinden nach so funktionieren – oder eben auch *nicht* funktionieren.

Bewusst ist hier das Wort „Wahrheit" in Anführungszeichen gesetzt. Erstens gibt es *die* Wahrheit nicht – es ist immer unsere subjektive Sicht der Dinge. (Das können Sie schon im Alltag feststellen: Dem einen ist es warm genug im Büro, dem anderen zu kalt. Für den einen ist der Wein trocken, für den anderen schon fast lieblich.) Und außerdem haben gerade Glaubenssätze ganz besonders häufig verdammt wenig mit der Realität zu tun. Wir haben uns in der Regel nicht bewusst für diese Glaubenssätze entschieden. Unsere Erziehung, Erfahrungen und die Interaktion mit anderen Menschen haben im Lauf der Zeit dazu beigetragen, diese Glaubenssätze in uns zu etablieren.

In meinem ersten Buch „Selbstbewusstsein. Das Trainingsbuch" habe ich mich ausführlich mit dem Thema „Glaubenssätze" beschäftigt – hier möchte ich den Fokus auf das Thema „Glaubenssätze und Angst" legen.

Angst wird durch Glaubenssätze noch zusätzlich zementiert und aufgeblasen. Klassische hemmende Glaubenssätze zum Thema Angst und Zweifel können z. B. sein:

▸ Irgendwie war ich immer ängstlich – schon als Kind! Das werde ich nicht mehr los.

▸ Die Welt ist kalt und grausam, da muss man doch Angst haben. Das Paradies ist woanders.

▸ Immer wenn ich mich zu früh gefreut habe, ist etwas passiert. Also geh ich lieber ängstlich durch die Welt.

▸ Besser zu viel Angst als zu wenig – sonst wird man unvorsichtig und übermütig und dann passiert etwas.

Um Ihren Glaubenssätzen zum Thema Angst ein wenig mehr auf die Spur zu kommen, gibt es unterschiedliche Möglichkeiten. Zwei möchte ich Ihnen vorstellen.

Angst ist …

Nehmen Sie sich einen großen Bogen Papier, vielleicht von einem Zeichenblock, und ergänzen Sie spontan, ohne viel nachzudenken, die Überschrift: Angst ist …

Sie können Metaphern und Bilder verwenden: „Angst ist wie eine Krake", oder: „Angst ist ein schwarzes Loch."

Oder Sie schreiben einfach alles auf, was Ihnen zu dem Wort „Angst" einfällt; ungefiltert, aus dem Bauch heraus, schnell. Wie fühlt sich Angst an, wie sieht sie aus, welche Farbe hat sie, welche Töne macht sie, ist sie kalt oder warm, hell oder dunkel? Ist sie ein Tier, ein Fabelwesen – wie sieht sie aus?

Durch diese Auseinandersetzung mit Ihrer Angst bekommt sie ein Gesicht und Konturen, sie wird greifbarer und dadurch können Sie besser mit ihr umgehen. Und diese Übung deckt Glaubenssätze über die Angst auf – dadurch können Sie sich ihnen stellen und sie gegebenenfalls verändern oder verabschieden.

Der Schlüssel zur Lösung hemmender Glaubenssätze liegt in der Gewissheit: Ich erschaffe meine Glaubenssätze, sie stehen nirgends als in Stein gemeißelte Wahrheiten und ich kann sie verändern. Sozusagen: „Ich habe meine Glaubenssätze unter Kontrolle und nicht andersherum!" Sie haben die Wahl!

Oft übernehmen wir solche „Wahrheiten" und die damit verbundene Weltsicht von unseren Eltern. Schließlich waren sie für uns die ersten wichtigen Lehrer und Vorbilder, sie haben uns entweder bewusst zur Ängstlichkeit erzogen („Pass auf! Nimm dich in Acht! Es kann immer etwas passieren!") oder aber sie haben uns eine ganz spezielle Sicht der Dinge vorgelebt. Um diesen Wurzeln Ihrer Glaubenssätze besser auf die Spur zu kommen, empfehle ich Ihnen Folgendes:

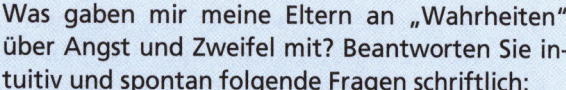

Was gaben mir meine Eltern an „Wahrheiten" über Angst und Zweifel mit? Beantworten Sie intuitiv und spontan folgende Fragen schriftlich:

▸ War/Ist meine Mutter eine ängstliche Frau? Woran merke ich das?

▸ War/Ist mein Vater ein ängstlicher Mann? Woran merke ich das?

▸ Haben eher Angst und Zweifel oder Mut und Neugier das Leben meiner Eltern beeinflusst bzw. bestimmt?

▸ Welches sind die Glaubenssätze meiner Eltern über Angst – wie gebe ich sie symbolisch am besten zurück?

▸ Welche Glaubenssätze, die ich von meinen Eltern mitbekommen habe, hemmen mich? Wie kann ich sie so abmildern, dass sie stattdessen förderlich sind? (Aus „Nimm dich in Acht – vertrau keinem Menschen!" könnte zum Beispiel ein „Glaub an das Gute im Menschen – und sei genügend achtsam!" werden.)

Wenn ich verstehe, warum ich schon immer so ängstlich war, woher ich den Hang zu Angst und Zweifel bekommen habe, dann bin ich schon längst nicht mehr so hilflos wie zuvor. Dann verstehe ich, kann einordnen und kann vor allem erkennen, welches wirklich „meine" Ängste sind und was ich quasi als Familientradition mit ins Gepäck bekommen habe – ob ich wollte oder nicht. Und wenn ich das erkenne, kann ich wählen: Möchte ich dieses Erbe antreten oder ablehnen? War es die Angst meiner Eltern? Dann kann ich die Angst entweder wirklich im Gespräch mit ihnen an sie zurückgeben – oder dies symbolisch tun, z. B. in einem Brief oder mit einer systematischen Aufstellung. Verabschieden Sie die Ängste, die nicht wirklich Ihre sind, in Ehren: Danken Sie für das, für das sie – vermeintlich – gut waren, und beschließen Sie, nun Ihren eigenen Weg zu gehen. Mit nicht mehr so vielen Ängsten oder mit anderen Ängsten, mit denen Sie leichter umgehen können.

Selbstbewusstsein – Selbstwert – Selbstliebe

Selbstbewusstsein, Selbstwert und Selbstliebe gehören ohne Zweifel unbedingt zum mutigen Leben dazu! Alle drei haben viel mit mir selbst zu tun. Je mehr ich mir meiner selbst bewusst bin, je besser ich meinen eigenen Wert kenne und je mehr ich mich selbst lieben kann, desto besser bin ich gewappnet, wenn mir die Ängste und Zweifel begegnen. Im Einzelnen bedeutet das für mich:

Selbstbewusstsein

Selbstbewusstsein – sich seiner selbst bewusst sein. Das bedeutet: Ich kenne mich aus mit mir. Ich kenne meine Stärken und meine Schwächen. Ich weiß, wer ich bin und was ich kann. Das weiß ich und dessen bin ich mir sicher. Und diese Sicherheit sorgt dafür, dass ich nicht so abhängig bin vom Urteil anderer, die meinen, mir sagen zu müssen, wer ich bin und was ich kann und was nicht.

Wenn ich mir meiner selbst bewusst bin, dann kann ich mutig „Hier!" rufen, wenn sich Herausforderungen im Leben zeigen. Ich kenne meine Stärken und kann deshalb mutig die Wahl treffen, nicht zu kneifen, sondern mich dem Leben zu stellen. Denn auf meine Stärken, Fähigkeiten und Ressourcen kann ich felsenfest bauen, damit habe ich schon oft gute Erfahrungen im Leben gemacht. Da macht mir keiner mehr etwas vor, da bestimme nur ich ganz allein, ob ich mich der Aufgabe gewachsen fühle oder nicht.

Denn wenn ich auch meine Schwächen gut kenne, kann ich eigenverantwortlich beschließen: Nein, dieser Aufgabe stelle ich mich nicht, hier ist die Angst ein guter Ratgeber. Das würde mich zu viel Kraft kosten. Und wenn ich das eigenständig beschließe, ist es auch kein Kneifen oder Sich-drücken.

Selbstbewusste Menschen sind nämlich nicht – so wie die landläufige Bedeutung des Wortes vermuten lässt – die Tollsten, Besten, Erfolgreichsten, Unerschrockenen. Nein, selbstbewusste Menschen sind eben genau die, die auch mal Ängste und Zweifel haben, dazu offen stehen und letztendlich mutig damit umgehen. Mehr zum Thema Selbstbewusstsein finden Sie in meinem ersten Buch.[3]

Selbstwert

Selbstwertgefühl – wie viel bin ich (mir) wert? Bin ich wertvoll? Bin ich es wert, dass ich ein gutes, mutiges und glückliches Leben führe? Auch das sind wichtige Fragen, deren

---

[3] Selbstbewusstsein. Das Trainingsbuch. Beck kompakt, C. H. Beck Verlag.

Antworten mich mutiger machen. Ähnlich wie beim Selbstbewusstsein macht mich ein gutes Selbstwertgefühl unabhängiger, sicherer und stärker.

Dann bin ich es mir nämlich wert, dass es mir gut geht. Ich *will,* dass es mir gut geht, und deshalb stehe ich ein für mich und meine Bedürfnisse. Wenn ich es mir wert bin, dann möchte ich die Angst überwinden, weil sich Mut besser anfühlt.

Herbert, 52 Jahre, IT-Spezialist:

„Coaching, Seminare und Bücher haben mir sehr geholfen, mein Selbstwertgefühl zu steigern. Was ich besonders erstaunlich fand: Plötzlich ist mir klar geworden, dass ich es wirklich verdient habe, glücklich zu sein! Und das hat meinen Ehrgeiz geweckt. Ich wollte nicht mehr rumjammern und andere für das Wohl oder Weh meines Lebens verantwortlich machen. Nein, ich nehme es jetzt selbst in die Hand, mein Glück. Ich bin es wert und ich erlaube es mir, glücklich sein zu wollen. Und dafür tue ich jetzt etwas. Und das funktioniert!"

Selbstliebe

Ich finde ja, dass das Wort „Selbstliebe" viel zu schnell einen negativen Beigeschmack bekommt. Selbstliebe wird allzu oft fehlinterpretiert als Egoismus, „der denkt nur an sich", oder auch als Narzissmus, als Überheblichkeit: „Meine Güte, ist der selbstverliebt!"

Schade eigentlich, denn Selbstliebe ist eine der Grundvoraussetzungen für ein gutes, für ein glückliches, mutiges Leben.

Erst wenn ich mir nicht nur meiner selbst bewusst bin, nicht nur meinen Selbstwert kenne, sondern mich wirklich auch selbst liebe, spüre ich auch den tiefen Drang danach, meines Glückes eigener Schmied zu sein.

Das biblische Gebot „Liebe deinen Nächsten wie dich selbst" wird meines Erachtens oft falsch verstanden. Nämlich dann, wenn man die Nächstenliebe vor die Selbstliebe stellt. „Liebe deinen Nächsten" wird hervorgehoben, das „wie dich selbst" gerne unter den Tisch gekehrt.

Es heißt eben nicht, dass ich mich für andere aufopfern, selbstlos nur für andere da sein soll, um ein guter Mensch zu sein. Nein – ich soll andere genauso lieben wie mich selbst.

> **Robert Musil: Der Mann ohne Eigenschaften, Bd. 2. Aus dem Nachlass:**
>
> *„Wer sich selbst nicht auf die rechte Art liebt, kann auch andere nicht lieben. Denn die rechte Liebe zu sich ist auch das natürliche Gutsein zu anderen. Selbstliebe ist also nicht Ich-Sucht, sondern Gutsein."*

Erst wenn ich mich liebe, wenn ich dafür sorge, dass es mir gut geht – erst dann kann ich gut für andere da sein und für sie sorgen.

Selbstliebe ist bedingungslos – genauso wie die Liebe zu einem anderen Menschen. Ich liebe mich. Punkt. Und nicht: Ich bin erst liebenswert, wenn ich …

Die Liebe zu mir selbst ist nicht an Bedingungen geknüpft, ich muss nichts leisten, nicht so sein und anders nicht, nicht dies tun und das andere lassen. Ich bin genau so, wie ich bin, liebenswert.

Denken Sie doch mal darüber nach – wie sieht es mit Ihrer Selbstliebe aus? Wie wäre es: Vielleicht schreiben Sie mal einen Liebesbrief an sich selbst? Und denken, fühlen und handeln Sie ein wenig mehr nach dem Werbeslogan: „Weil ich es mir wert bin."

> *Thomas von Aquin, katholischer Kirchenlehrer des 13. Jahrhunderts:*
>
> *„Die Wurzel alles Bösen in der Welt ist der Mangel an Liebe zu sich selbst."*

Auf den Punkt gebracht

Mit jeder Zutat wird Ihr Leben mutiger:

▸ Erkennen Sie Ihre Bedürfnisse und stehen Sie selbstbewusst dafür ein.

▸ Üben Sie sich immer mehr in Gelassenheit – lehnen Sie sich zwischendurch zurück und atmen Sie aus.

▸ Verabschieden Sie sich von der Opferrolle und übernehmen Sie Eigenverantwortung für Ihr Leben.

▸ Lassen Sie sich helfen – haben Sie Vertrauen zu Menschen und bauen Sie sich ein tragfähiges Netzwerk auf.

▸ Lassen Sie los von hemmenden Glaubenssätzen.

▸ Seien Sie sich Ihrer selbst bewusst – sehen Sie Ihren eigenen Wert und lieben Sie sich.

Anregungen und Ausblicke

Sie haben sich jetzt ängstlich oder mutig durch dieses Buch gelesen und gearbeitet – und hoffentlich etliche Denk- und Fühlanstöße, Handlungsalternativen und Ideen mitnehmen können. Ich wünsche mir, dass Sie ein Stück weit aussteigen aus der so sehr verbreiteten „Angstphobie": Um erfolgreich und fest im Leben zu stehen, dürfen wir nie zweifeln, keine Angst haben oder zumindest um Himmels willen diese Angst nicht zeigen!? – Quatsch!!!

Ich wünsche mir, dass ich Sie ein wenig ermutigen konnte, offener mit Ihren Ängsten und Zweifeln umzugehen, darüber mehr als bisher zu reden, sich auszutauschen, Hilfe zu holen und so eine neue Kultur zu schaffen. Ja, Angst macht Angst. Ja, Angst ist doof, macht keinen Spaß, raubt mir den Lebensmut und die Freude am Leben – Angst tut weh, macht krank, hemmt und hindert mich, sie stürzt mich in Krisen und schwarze Löcher.

Natürlich sollten wir alles daransetzen, diese Ängste zu überwinden und wieder mit Leichtigkeit und guter Laune durchs Leben zu gehen. Natürlich lebt es sich einfacher ohne Angst und Zweifel. Natürlich sehen wir uns lieber mutig als ängstlich, sind wir uns lieber sicher als unsicher.

Und selbstverständlich sehe ich es auch als meine Aufgabe als Coach, Menschen darin zu unterstützen, Ihre Ängste zu überwinden und somit leichter, selbstbewusster und glücklicher zu leben.

Um Ängste überwinden zu können, muss ich mich ihnen jedoch erst einmal stellen und darf sie nicht verdrängen oder versuchen wegzulaufen. Ich muss ihnen ins Gesicht sehen, mich auf sie einlassen und hören, was sie mir zu sagen haben. Sie wissen ja: „Der Weg ist dort, wo die Angst ist."

So kann Angst ihre Aufgabe erfüllen, ihre Lektion erteilen und danach gehen. Sie muss sich nicht festsetzen und Sie krank machen, sie muss nicht immer lauter und gemeiner werden, damit Sie sie endlich hören. Angst kann eine gesunde Reaktion bleiben und muss nicht zur krankhaften Angst oder Phobie werden.

Auch wenn das jetzt vielleicht seltsam klingt: Auch die Angst ist ein Grundgefühl, so wie Freude, Wut, Trauer. Und alle unsere Gefühle wollen und sollen ernst genommen und in gewisser Weise sogar wertgeschätzt werden. Ich muss meine Angst und meine Zweifel nicht lieb haben oder mich mit ihnen anfreunden, nein. Aber wertschätzen, annehmen, ernst nehmen – das unbedingt, wie ich finde.

▸ *„Die tiefsten Ängste sind wie ein Drachen, der über die größten meiner Schätze wacht."*

▸ *„Was man zu verstehen gelernt hat, fürchtet man nicht mehr." (Marie Curie)*

Einer meiner berühmten Coach-Kollegen hat einmal auf die Frage, wie wir unsere Ängste in den Griff bekämen, geantwortet: „Wir sollten diese Ängste wie lästige, ärgerliche, nervtötende Phobien behandeln." So kann man es sehen.

Ich sehe es anders. Denn „lästig, ärgerlich und nervtötend" ist nicht wertschätzend und ernst nehmend. Das lästige Etwas will ich schnell loswerden. Wenn ich etwas ernst nehme, beschäftige ich mich damit und verabschiede es dann erst. Und ich verabschiede nicht, indem ich die Angst verscheuche und aus dem Haus treibe wie einen Einbrecher.

Ich verabschiede die Angst, nachdem ich sie erst einmal *nicht* verscheucht habe, sondern ihr begegnet bin mit: „So, da bist du also. Ich mag dich nicht, du machst mir Angst, aber ich schaue dich an. Ich ertrage dich, um zu lernen und mich mit dir auseinanderzusetzen."

Nach dieser Auseinandersetzung und nachdem ich gelernt habe, muss ich die Angst auch nicht rauswerfen oder verscheuchen. Ich kann sie ruhig verabschieden – vielleicht sogar mit ein klein wenig Dankbarkeit –, indem ich die Entscheidung treffe, dass jetzt etwas anderes dran ist als die Angst. Wenn ich die Angst überwunden habe, bin ich wieder Herr in meinem Haus, dann sage wieder *ich,* wo es langgeht, und nicht die Angst – ich bestimme wieder, wer reden darf und wer ab in die Ecke oder die Klappe halten muss.

Und wenn wir auf diese Weise unsere Ängste überwinden, dann sind wir gewachsen, stärker für die Zukunft und können stolz auf uns sein – dann können wir fliegen.

Guillaume Apollinaire

„‚Kommt an den Rand der Tiefe', sagte er. ‚Wir haben Angst', sagten sie. ‚Kommt an den Rand', sagte er. Sie kamen. Er schubste sie – und sie flogen."

Finden Sie Ihren eigenen Weg, mit den Ängsten umzugehen. Lassen Sie sich nicht reinreden, lassen Sie sich nicht verunsichern. Sie allein wissen, was Sie brauchen – Sie allein wissen, wie es sich für Sie richtig und gut anfühlt. So bleiben Sie authentisch und stimmig.

Und werden Sie nicht erst dann mutig, wenn alles hundertprozentig sicher zu sein scheint – dann werden Sie nämlich ewig warten und nie aufbrechen. Es wird immer Unwägbarkeiten geben auf Ihrem Weg, ganz und gar sicher wird es nie sein können – dazu ist das Leben zu lebensgefährlich, wie schon Erich Kästner wusste.

Genauso wie gegen allzu großen Perfektionismus eine entspannte „Einfach mal machen!"-Haltung hilft – genauso hilft auch hier ein Experimentieren. Gehen Sie los und schauen Sie, welcher Weg aus der Angst heraus für Sie der beste ist. Gehen Sie los, schauen Sie sich um, wägen Sie ab … und kehren Sie vielleicht um zur letzten Weggabelung, um dann lieber nach rechts weiterzugehen. Sie dürfen ausprobieren, Sie dürfen sich irren und Fehler machen. Alles ist besser, als zu lange zu warten – wie die Geschichte, die ich Ihnen gleich zum Abschluss schenken werde, deutlich macht.

Liebe Leser, ich danke Ihnen dafür, dass Sie dieses Thema wichtig finden und sich eingelassen haben auf meine Sicht der Dinge und meinen Weg. Ich wünsche Ihnen vieles: Leichtigkeit, Mut, das richtige Maß an Zweifeln als guter Lehrer und Wegweiser, viel Unterstützung, Klarheit und Vertrauen – Vertrauen ins Leben und Vertrauen in sich selbst.

Ich freue mich darüber, wenn ich Post oder E-Mails von Ihnen bekomme – ich bin sehr neugierig darauf, was meine Gedanken bei Ihnen ausgelöst haben.

Lassen Sie es sich gut gehen!

Herzlichst, Ihre Bettina Stackelberg

Und nun die Geschichte zum Schluss …

Die Geschichte von den zwei Pflanzensamen

Es lagen zwei Samen Seite an Seite in der fruchtbaren, warmen Frühlingserde. Der erste Samen war mutig. Er sagte: „Ich freue mich darauf, wachsen zu können. Ja, ich will wachsen. Ich lasse meine Wurzeln sich weit unter mir im Erdboden ausbreiten und mir Halt geben. Und meine Sprossen strecke ich der Sonne entgegen durch die Erdkruste hindurch. Meine Knospen werden wie bunte Wimpel sein, die den Frühling verkünden und fröhlich im Wind flattern. Ich will die Wärme spüren, die die Sonne auf mein Gesicht zaubert, und den Morgentau auf meinen Blütenblättern!"

Und so wuchs er.

Der zweite Samen hatte Angst. Er sagte: „Es ist so dunkel unter mir in der Erde. Wenn ich meine Wurzeln wachsen lasse, weiß ich nicht, auf welche Hindernisse sie stoßen könnten. Und der Boden über mir ist noch hart – meine kleinen Triebe könnten sich auf dem Weg ans Licht verletzen. Und was habe ich davon, dass ich Knospen entwickle, wenn eine Schnecke sie vielleicht auffrisst? Und meine schönen Blüten nützen mir auch nichts, wenn ein kleines Kind kommt und sie einfach abpflückt. Nein, das ist mir zu gefährlich und unsicher. Ich warte, bis es sicher ist."

Und so wartete er.

Eine Hofhenne, die in der Frühlingserde nach Futter suchte – sie fand den Samen … und fraß ihn.

Stichwortverzeichnis

Die Autorin

Bettina Stackelberg, die Frau fürs Selbstbewusstsein® und studierte Germanistin, ist seit 1991 selbstständige Trainerin und Coach. Sie arbeitet in der freien Wirtschaft u. a. für MAN, BMW und Siemens und leitet dort Seminare über Kundenorientierung, Kommunikation, Teamarbeit und Stressbewältigung. Außerdem begleitet sie Teams und Einzelpersonen im Coaching auf dem Weg zu mehr Selbstbewusstsein. Über dieses Thema hat sie bereits ihr erstes Buch geschrieben – einer der Bestseller in der Beck-kompakt-Reihe: Selbstbewusstsein. Das Trainingsbuch, Vorträge gehalten und unter www.abenteuer-selbstbewusstsein.de eine Podcast-Reihe veröffentlicht. Ihr ist der Beruf Berufung, sie hilft den Menschen, Zugang zu ihren Ressourcen zu finden, Neues zu entdecken und mit Bewährtem zu verbinden.

Möchten Sie Kontakt zu Bettina Stackelberg aufnehmen? Sehr gerne: www.bettinastackelberg.de

Impressum:

Verlag C. H. Beck im Internet: www.beck.de
ISBN: 978-3-406-60843-8
© 2010 Verlag C. H. Beck oHG
Wilhelmstraße 9, 80801 München

Lektorat und DTP: Text + Design Jutta Cram, 86157 Augsburg, www.textplusdesign.de
Umschlaggestaltung: Ralph Zimmermann – Bureau Parapluie
Umschlagbild: iStockphoto © AVTG
Druck und Bindung: Druckhaus „Thomas Müntzer" GmbH, 99947 Bad Langensalza

Gedruckt auf säurefreiem, alterungsbeständigem Papier (hergestellt aus chlorfrei gebleichtem Zellstoff)